U0119573

一九四九大時代系列 2

孤軍
浪濤裡的細沙——

楊淑芬◎著

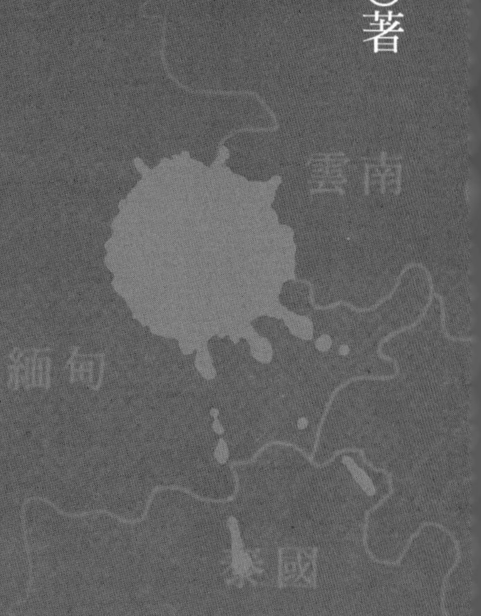

延續孤軍西盟軍區
十年血淚實跡

LITERARY TIMES
博客思出版社

野戰訓練。

士官隊 90 手槍實彈射擊教練。教官張龍飛於格致灣基地傜家寨靶場前，講解手槍射擊要領。

士官隊第一期輕機槍實彈射擊教練，教官張龍飛（左）助教楊樹槐（右）先試射，部隊則在預備線後方待命。（格致灣基地傜家寨靶場）

士官隊第一期戰鬥教楝。

1971 年 6 月 21 日區長杜將軍率區部主要幹部巡視格致灣附近地形，左起：
朱國政、柯汝幹、杜將軍、何保康臺長、王法經、李督察、郝爾康。

馬司令太太（中第四位者）來訪，其旁為陳仲鳴參謀長太太，再旁為作者。
攝於格致灣大操場。後山為教導團團部。

泰國堅塞總理（前戴帽者）巡視格致灣，後為馬俊國司令。

與到格致灣基地造訪的兩位舊時同袍和基本幹部們合影。中立者馬俊國，左右兩位為舊友。前左一為馬季恩副司令，右一為翟恩榮副師長。後排左起：陳仲鳴參謀長、木成武師長、羅仕傑處長、李一飛參謀長。

泰國堅塞總理（前二戴帽者）巡視格致灣。

送教導團北上的餞別宴。左為尹載福團長，後立者楊光華臺長。

緬甸、泰國、臺灣三地同學第一次的聚會。全體同學到馬俊國司令的豪宅中拜訪他。前排左起第四位為馬司令，第三位為馬司令太太，第五位為陳啟佑臺長。

與老友重至格致灣。公路已建，格致灣早已是一片叢林。

馬鞍山村。作者與馬文弼合照。

馬鞍山上建立的皇家農場。

與兒子們在馬鞍山半路留影。後面是猛芳城的大壩子。

猛芳縣附近十多個前國軍眷村，都已成了一片果園，收成時果實纍纍。

臺北市大直區的忠烈祠已成為觀光景點之一，每日不少外國遊客到訪。

忠烈祠裡的陣亡同袍祭祀牌位。

忠烈祠裡的陣亡同袍祭祀牌位。

終於找到陣亡同學們的牌位。

陳鳴鸞（左一，陳德香長女）、李惠琴（左二）與楊淑芬在立有同學名字們的兩面牌位前留影。

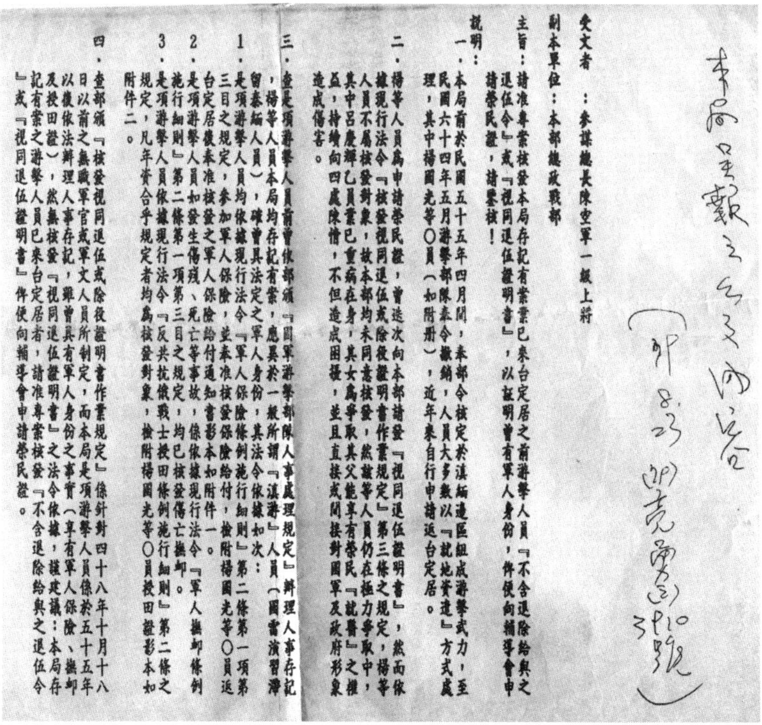

本局呈報之公文內容

受文者：參謀總長陳空軍一級上將

副本單位：本部總政戰部

主旨：請准專案核發本局存記有案業已來台定居之前游擊人員『不含退除給與之退伍令』或『視同退伍證明書』，以証明曾有軍人身份，俾便向輔導會申請榮民證，請鑒核！

說明：

一、本局前於民國五十五年四月間，奉部令核定於滇緬邊區組成游擊武力，至民國六十四年五月游擊部隊奉令撤銷，人員大多數以『就地資遣』方式處理，其中楊國光等〇員（如附冊），近年來自行申請返台定居。

二、楊等人員為申請榮民證，曾迭次向本部請發『視同退伍證明書』，然而依據現行法令『核發視同退伍或除役證明書作業規定』第三條之規定，楊等人員不屬核發對象，故本部均未同意核發，然該等人員仍在極力爭取中，其中呂慶輝乙員業已重病在身，其女為爭取其父能享有榮民『就醫』之權益，持續向四處陳情，不但造成困擾，並且直接或間接對國軍及政府形象造成傷害。

三、查是項游擊人員前曾依部頒『國軍游擊部隊人事處理規定』辦理人事存記，楊等人員本局均存記有案，應異於一般所謂『滇游』人員（國雷演習滯留泰緬人員），確曾具法定之軍人身份，其法令依據如次：

1．是項游擊人員均依據現行法令『軍人保險條例施行細則』第二條第一項第三目之規定，參加軍人保險，並奉准核發保險給付，檢附楊國光等〇員返台定居後奉准核發之軍人保險給付通知書影本如附件一。

2．是項游擊人員如發生傷殘、死亡等事故，係依據現行法令『軍人撫卹條例施行細則』第二條第一項第三目之規定，均已核發傷亡撫卹。

3．是項游擊人員依據現行法令『反共抗俄戰士授田條例施行細則』第二條之規定，凡年資合乎規定者均為核發對象，檢附楊國光等〇員授田證影本如附件二。

四、查部頒『核發視同退伍或除役證明書作業規定』係針對四十八年十月十八日以前之無職軍官或軍文人員所制定，而本局是項游擊人員係於五十五年以後依法辦理人事存記，雖曾具有軍人身份之事實（享有軍人保險、撫卹及授田證），然無核發『視同退伍證明書』之法令依據，謹建議：本局存記有案之游擊人員已來台定居者，請准專案核發『不含退除給與之退伍令』或『視同退伍證明書』俾便向輔導會申請榮民證。

滇緬邊區游擊隊員申請赴臺定居檔案之一。

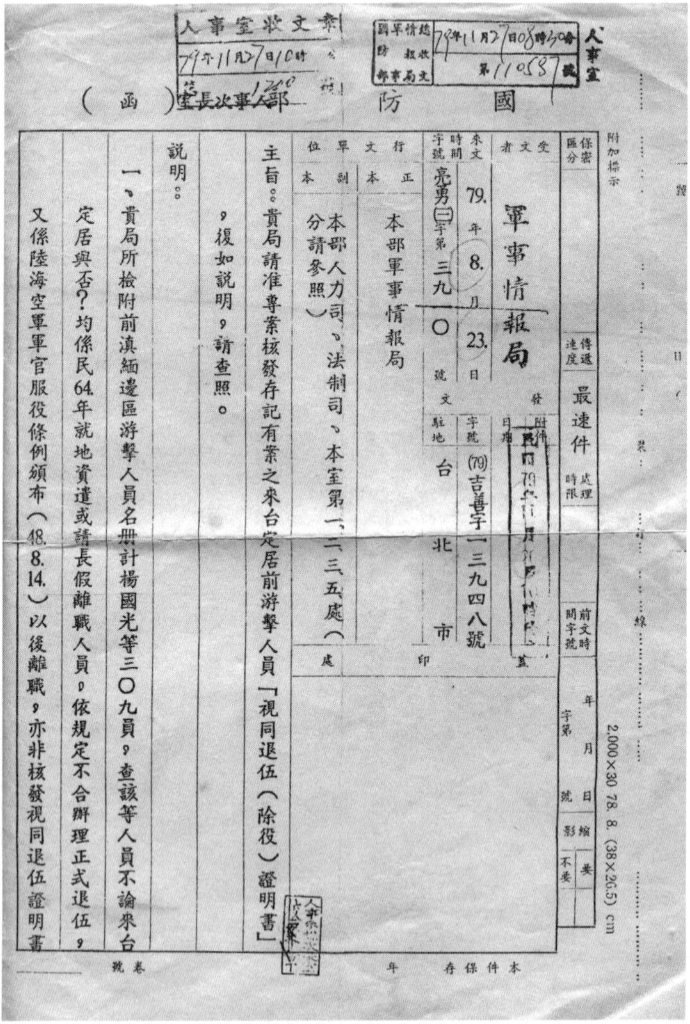

人事室收文章
79年11月27日10時

國防部軍事情報局總收文
79年11月27日08時30分
第110587號

國防部人事次長室（函）

受文者：軍事情報局

來文時間：79年8月23日
字號：亮勇(二)字第三九一〇號

發文日期：民國79年11月 日
字號：(79)吉善字一三九四八號
駐地：台北市

傳遞速度：最速件

正本：本部軍事情報局

副本：本部人力司、法制司、本室第一、二、三、五處（分請參照）

主旨：貴局請准專案核發存記有案之來台定居前游擊人員「視同退伍（除役）證明書」，復如說明，請查照。

說明：

一、貴局所檢附前滇緬邊區游擊人員名冊計楊國光等三〇九員，查該等人員不論來台定居與否？均係民64年就地資遣或請長假離職人員，依規定不合辦理正式退伍，又係陸海空軍軍官服役條例頒布（48.8.14.）以後離職，亦非核發視同退伍證明書

2.000×30 78. 8. (38×26.5) cm

本件保存　年　卷號

滇緬邊區游擊隊員申請赴臺定居檔案之二。

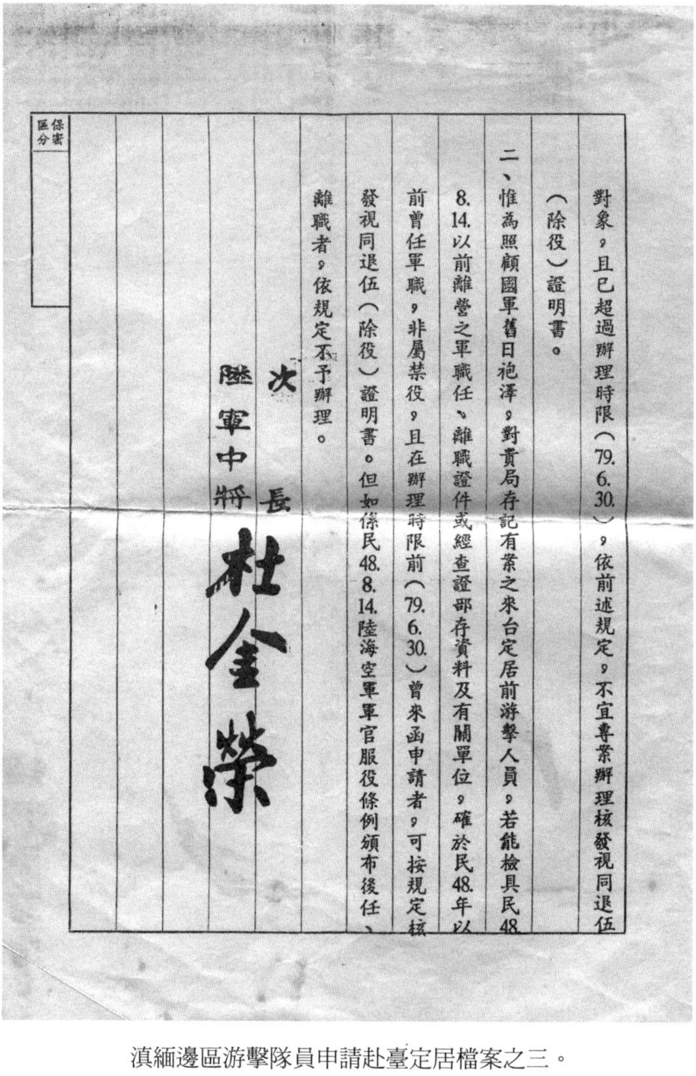

對象，且已超過辦理時限（79.6.30.），依前述規定，不宜專案辦理核發視同退伍
（除役）證明書。
二、惟為照顧國軍舊日袍澤，對貴局存記有案之來台定居前游擊人員，若能檢具民48.
8.14.以前離營之軍職任、離職證件或經查證部存資料及有關單位，確於民48.年以
前曾任軍職，非屬禁役，且在辦理時限前（79.6.30.）曾來函申請者，可按規定核
發視同退伍（除役）證明書。但如係民48.8.14.陸海空軍軍官服役條例頒布後任、
離職者，依規定不予辦理。

次長
陸軍中將 杜金榮

保密區分

滇緬邊區游擊隊員申請赴臺定居檔案之三。

推薦序

滇邊孤軍史不容遺忘

翁衍慶

翁衍慶將軍

在滇緬邊區叢山峻嶺的蠻荒世界裡，曾有一支十分活躍的游擊部隊在活動著。這支部隊是在抗日時期，除了肩負抗日戰鬥外，也不時與擾亂抗日戰役的共軍作戰，是一支反共抗俄的國家忠堅隊伍。大陸淪陷後，部分國軍自雲南撤退至滇緬邊界從事反攻任務，屢次給予共軍重創。對中共西南邊境構成嚴重威脅。終於在中共向緬甸政府施壓，緬甸政府又向聯合國控訴下，迫於國際壓力，中央政府無奈中，只得先後於一九五四年和一九六一年，兩次自滇緬邊界撤軍至台灣。

滇緬邊界第二次撤軍（國雷演習）時，除了不願撤台自願留在泰緬邊境，自謀生

活的三、五兩軍外，尚有一支遠處於滇緬邊界在營盤街的游擊部隊，因路途遙遠，無法及時南下泰國邊境撤退，只得繼續留在滇緬邊區，自謀發展。這支部隊即是本書主角—西盟軍區馬俊國將軍的隊伍，後改稱為「滇西行動縱隊」。這支隊伍在缺乏政府有效支援下，仍然堅持不解散，繼續從事著反共復國的游擊戰爭，而且戰績輝煌。

一九六〇年緬甸發生軍事政變，實行共產黨專政，奪得政權的軍政府開始排斥外僑人民，查封外僑資產和封閉外文學校。一九六四年，一批僑居緬甸的華僑青年，在面臨失學、失業，內心又存著反共的情形下，決心報效祖國，毅然投筆從戎，奔向滇緬邊區，投效西盟軍區。由於人數眾多，而且知識程度又高，馬俊國將軍特別將他們編成一隊獨立教導團隊，由學生中的青年領袖尹載福先生擔任團長，楊國光先生擔任副團長，受訓結業後，立即向著滇邊國界線推進。

馬部因有了這一支生力軍，戰力增強。從此，該部對中共的游擊作戰，將近百分之八十，都由教導團隊執行，因此犧牲也大。但是對國家的貢獻，則非遠在台灣處在昇平世界的國軍可以比擬的，他們堪稱為孤軍中的孤軍。

一九六七年，中央政府再次重建滇邊游擊武力—光武部隊。共編有四個大隊，馬部納編為第三大隊，教導團編為第一中隊，才恢復了中央政府的補給。

但是因為馬俊國將軍不希望光武部隊總指揮干預其部隊人事，所以這批華僑青年，錯失了接受更好培訓和發展的機會，令人不勝欷歔。

這批華僑青年男女都有，他們投奔國軍游擊部隊，不為名不求利，將他們最青春美好的歲月，甚至生命都貢獻了給國家。他們日夜與蠻荒共存、與野獸共舞，秣馬厲兵、效命疆場，赤膽忠心應載青史。

本書作者楊淑芬小姐，就是一九六四年投效西盟軍區的一員。當時一同從軍的華僑女青年人數頗多，教導團還成立了一個女生隊，負責政工工作，對部隊士氣激勵甚大，她們在行軍或學習時，在政務工作時，表現的耐力、毅力和勇敢，絲毫不輸給男生們，確實是一批巾幗英雄。

筆者有幸在一九七〇年至一九七四年，曾任職光武部隊第一大隊，得有機會數度與第三大隊併肩作戰，或長途行軍。在一九七二年時，還曾處理過尹、楊兩位第一中隊脫離三大隊的事務。因而認識了不少這批從軍的華僑青年，並建立了深厚感情。即使在數十年後的今天，仍保持聯繫，這種感情是終身不渝的。

二〇〇〇年筆者自軍旅退休，立志要把滇邊孤軍奮戰血淚史留下文史紀錄，絕不能任由它埋葬在歷史的灰燼裡。故與當年同袍合編了一本《滇邊工作回憶錄》，

和一冊《滇邊風雲錄》畫冊。後來中央研究院覃怡輝編寫了一本《金三角國軍血淚史》，尹載福先生更將親身經歷寫了一本《異域英雄淚》。香港鳳凰衛視台還曾為此製作了兩輯專輯，向國際播放，獲得極佳回響反應。

楊淑芬小姐大著《孤軍浪濤裡的細沙》一書的完成，把滇邊孤軍歷史更補充得幾近完美。這本巨著是楊小姐和她的幾位戰友們親身經歷的血、汗、淚的史詩，忠實的呈現在國人的眼前。筆者對楊小姐的苦心造詣，由衷敬佩。她這本巨著何止是細沙，根本是波濤中的巨石磐岩，不隨波而流，屹立浪中，獨立不撓。

序

孤軍浪濤裡的細沙

楊淑芬

首次看了柏楊先生的著作【異域】、【孤軍】和由劉德華主演而拍的影片已有好多年，內心深處一直有著渴盼也寫一寫的慾望，因為邊城孤軍的故事並沒有結束在一九六〇年撤台的聲浪裡。一九六四年因為緬甸局勢的變動，赤化專權風波一波又一波的浪潮裡，促使到一批正在就學或剛就業的前國軍和華僑後裔的一百多位子弟，投奔到仍留守在泰、緬、寮、滇邊境的前國軍滯留的救國游擊隊，孤軍西盟軍區陣營裡。這批青年用他們的滿腔熱血，純真的愛國心念與崇高的理想抱負，為邊城的孤軍陣營再延續了十幾年的歲月，並刻劃了一篇又一篇有血有淚的生命血淚史。十多年的歲月，在大自然時空的巨輪裡也許只是一瞬間，可是在人的生命歲月裡卻是一段漫長的路程。這群十五到二十二歲之間的青年男女，因為滿腔愛國熱血投筆從戎的壯舉，驚動了緬甸政府，轟動了整個緬甸華僑社會，也改寫了這群青年後半生的命運。

探討泰、緬、寮國邊陲金三角的故事如今熱潮已退，尤其是在蘇聯專政解體，把德國分割為東西兩國的那堵牆也已倒塌，中國海峽兩岸三地互通往返，關係漸入佳境的情勢中，再執筆寫這段反共抗俄的游擊隊生涯，大概為時已晚，再也吸引不了任何人的關心注目。可是每當故友們在台、緬、泰三國任何一個國度相聚，那一百多張年青的面孔就在大家面前迴旋蕩漾，那些扣人心弦的陳年往事也如浪潮般在心中洶湧，這段大時代中的生命史並沒有因為歲月的逝去，時空的隔離而消失，反而越來越清晰。那些在部隊中含冤死的、突擊大陸陣亡的，和這些在歲月風霜中被染白了鬢髮的同學們，大家眼中散發出深心中的呼聲一直在鞭策著我，鼓勵著我去書寫。這群已步入壯年的游擊隊員當年從軍時原本就沒想過要求名求利，今天也沒有要求任何補償，更不需要一句安慰動聽的話，只想要打開心中的那個結，以求解除聚存在心中的鬱悶。

「我在大陸戰俘營服了七年多勞役，國家並沒有想過設法去營救，也沒打聽真實情況，上級長官只以陣亡來結案，但是我並沒有死，這不是一件糊塗可笑的事？我離開戰俘營後並不想去翻案。因為只有父母親才會關注你的生死存亡。在上級長官的心目中，軍人是以服從為天職，只有命令沒有其他更重要的事，一切以國事為先，沒有自我，結果我的命運就因此完全改變。我從不期望得到什麼補償，只想要世人聽聽我心中的呼聲。」在大陸戰俘營中七年多的陳濟民（又名陳德香）在十幾年後和我碰面時對我說，他期望的只是這個小小心願而已。

是的，自一九四九年國民政府撤退台灣，

滯留在泰、緬、寮國和大陸西南邊陲雲南邊境兩千多公里的國際界線上的國軍隊伍並沒有消聲匿跡，一次再次的撤退台灣中仍留下大批隊員活躍在蠻荒峻嶺的叢林中，用他們的血和淚在動亂的時代裡刻劃著生命的痕印。尤其在一九六四年緬甸政變外文學校被查收的聲浪中，一批愛國青年學生又投入反共陣營，拋頭顱灑熱血的繼承著反共聖戰的火炬，踏著孤軍前輩們的血淚，在異域邊城的土地上編寫著還沒有落幕的可歌可泣的孤軍故事。

一九七六年，延續了幾十年的邊城游擊隊戰爭結束了，孤軍翻山越嶺於原始叢林中的故事，也隨著這批年華漸漸消失的健兒們謝幕。除了滿腔的熱血和抱負，他們未曾帶進游擊隊裡一針一線，離開時除了滿懷的身心疲倦和失望，當然也沒有帶走一衣一物。他們空手而來，也空手而去，無條件的奉獻了他們生命中最美好的十幾年歲月和滿腔的愛國情操。今天這批已漸漸老邁的最後一批隊員，有的仍在異域的邊陲上流落，過著一貧如洗的生活，有的在台、緬、泰等國掌握到時機拼了二十多年，總算得到一份安穩的生活，成為芸芸眾生中平庸渺小的人。但是他們確實曾用熱忱的血淚澆灌了時代，刻印過歷史，只希望能澆灌出一朵大時代中奇異的奇葩，無論他們看起來是那麼的平庸渺小。

感謝在我身邊的很多老友，雖然我因生活四處奔波繁忙，常讓他們找我時撲空，也抽不出時間去拜訪他們。自從他們得知我在泰國華文學界中常寫文稿以抒發情懷，就鼓勵我把我們投身游擊隊的這段史實寫出來，他們會提供我需要的資料，很多當年的游擊隊員或非游擊隊員的人，寫了那麼多本關於孤軍的故事，而當年品質最好，人才最多最優秀的第三大隊西盟軍區卻沒有一個人把我們的心聲寫出來。在士官隊做輔導員的唐家廣曾立志要把這些事跡寫書出版，但是部隊遣散後居住在泰國密索縣，改行做生意的他實在太忙，又安定不下寫作情緒，可惜雖寫了部分文稿後人卻失蹤不見，如今下落不明。據說失蹤當天他在密索縣一間銀行提了一筆巨款後就不見蹤影，他的合夥人找了幾天都沒找到，過了不久有人發現在邊界小溪邊有一堆衣物用品，找到他的合夥人去看，證實確實是他當天所穿的衣物，但人卻始終找不到。密索縣環境特殊，龍蛇混雜，大家都猜測他可能也是凶多吉少。像這類事件對當地居民來說並不意外，常在密索縣發生，我們第三大隊的男生連他算在內大概也有十多人失蹤而不明生死，人失蹤了書自然也寫不出來了。抽空和這群老友相聚，看著他們經過十多年耕耘才建立的穩定生活和溫馨的家，不春耕那來的秋收。翻出一疊又一疊陳年舊照，一張張天真無邪不知愁滋味的面孔和如今鬢髮已被時光染白，刻滿歲月風霜的面孔對照，真不敢相信竟然是同一人。寫出來吧！既然大家有此心願，也就寫一寫這段改變我們後半生的軍旅生涯，把刻印在心中的那些事跡寫出來以抒發情懷。讓這些鐵一般的史實，為我們的時代做真實有力的見證。

用了兩年的時間完成這份初稿，可是書寫完後對出書的心意卻冷卻了，因此遲遲未加整理。這樣一丟就過了十多年，最近邊城孤軍的故事又掀起一陣熱潮，好幾本邊城孤軍戰鬥史又出版了，有些是採用情報局資料和訪問台、泰兩地先輩們的口述寫出的史實。看了這些書我更失去出書的意念，我們這些小人物的事跡沒有什麼可大書特書的事，大家經歷都大同小異。直到今年二〇一二年四月中旬接受鳳凰衛視台的邀請訪問，他們在收集這些邊城孤軍資料準備拍一部紀錄片，在台、泰兩地採訪了一九二〇區的大陸工作處區部成員，也採訪到被編組為一、二、四這三個大隊成員，卻獨缺三大隊西盟軍區的馬部。輾轉牽引下找到了黃元龍，黃元龍答應替他們找幾位居留在台灣的三大隊隊員，在他的邀約下，尹載福、楊國光和我願意接受他們的採訪，以抒發我們的心聲。

鳳凰衛視台編輯了一部名為【叢林謎蹤】金三角國軍特工隊解密的影片。我們看了這段對我們訪問的剪接後，也許出發點不同，感到這些拍攝並沒有達到我們想要表露的心聲和感受，這才又讓我與起出書的念頭重整初稿，邀約了一些同學一起合作，寫下他們對這段從軍史的心聲和感受，讓這段在大時代中被巨濤翻捲後，沈沒入深海底的這些細沙的事跡再現。

作者近照

目錄

雲南
緬甸
寮國
泰國

第一章

黑森林中孤軍的呼喚

孤軍浪濤裡的細沙—
延續孤軍西盟軍區十年血淚實跡

一九六四年五月二十七日清晨五時，緬北仲夏的天色已大明，街上早已來往著趕到菜市場的小販和車輛。這是緬甸軍事政變後的第三年，經過全國商店被查收、百元鈔票作廢、接著外文學校被停辦的風波後，除了那些最低層翻上雲霄做主人的屑小人物外，全國人民都陷入驚恐不安、慌亂困苦的日子中。我隨著一群同學毅然決然的悄悄離開尚在喪夫和失去幼女悲痛中的母親，讓她在最需要子女陪伴的日子中又失去一個女兒。

我四歲離開大陸隨著父母在緬甸定居，大陸赤化之初我並沒受過共產黨的任何迫害與苦難，父親在抗日戰爭勝利後的緬甸已打好事業基礎，幼年時的我過著富裕安定的生活，家中有傭人僕從打理，全不用我動手做家事。個性外向的我每天只知道念書玩樂，心中從沒有興起過國仇家恨的思想，因為國仇家恨只是書本上和老師們口中的名詞而已。自從父親車禍過世後，不善理財的母親仍沒進入理家狀況，第二年幼妹又因病去世，重男輕女思想守舊的母親拒絕了讓我繼續升學的願望，於是我興起離家自我工讀的心念，與幾位同學連絡上後認同他們的去向，就決定跟隨同學們投奔到前國軍滯留在滇、緬邊界的西盟軍區馬俊國部隊來開創自己的前途。心想如果我能在部隊中一展自己的理想抱負，或有機會赴台深造，母親必會改變舊觀接受我的理想觀念。最初與馬部連

改建後的老臘戌熱水塘。

絡上的幾位當陽城的青年領袖曾與馬俊國司令面談，並得到他的承諾會以學生們不同的才華來為國家培育人才和協助已申請到赴台升學的學生們赴台。我了解這些情況後更感到前途光明，希望理想在望。臘戌市的聯絡人侯福林在召集大家分別開了幾次會後把出發日期告訴大家，要我們小心分批搭車到老臘戌向著市郊熱水塘方向走，會有人來接應我們，如果不巧碰到緬軍巡查隊，就先到熱水塘泡溫泉等候時機，別慌張，可以再等下次的機會。緬甸政變的當時，緬北山區各地民族不願接受新政府，紛紛組織自衛隊反抗政府以求自救，各城鎮青年男女離家投奔的人數太多，已引起新政府注意，常派軍隊到郊區一帶巡查，所以侯福林一再叮嚀我們千萬要小心。

臘戌市是撣邦第二大城市，漢夷雜居，其中以擺夷族人居多。擺夷族女孩喜歡嫁與漢人為妻，很多撤退到緬甸北部的國軍和僑民們都娶了擺夷女孩為妻。這些嫁為漢人妻的女孩都會以家庭為重，付出一生相夫教子，更能融入當地僑社相處愉快。擺夷族人性情純樸善良，雖與漢人雜居，但卻城郊分明，漢人多居於城鎮中心點，多以經商為主，而擺夷人居住於城外的四郊，過著務農的田園生活。如有女兒親人和漢人連親，就會與這些家族來往密切，盡其所能來協助他們。其他的山地民族居住得更遠，大多居於山嶺之中，除非必要不會與漢人交往的。僑民們都以緬甸為第二故鄉，開創他們的事業，享受他們溫馨的家。臘戌市分為老臘戌和新臘戌兩部分，老臘戌原本是城鎮，新臘戌是抗日時期開闢在山嶺上的軍事陣地，抗日勝利後因為軍眷與僑民的遷入形成了一個商業貿易中心而熱鬧起來，老臘戌卻慢慢冷落變成了一個農村城市。新舊臘戌兩地相距約三英哩，風貌卻全然不同。臘戌縣與中國雲南省比鄰，有一條直達雲南邊城畹町鎮的公路，原來也有一條抗日時運輸軍需的鐵路，被炸毀後就沒有再修復，每逢假日這條廢棄的鐵路和沿河一帶就成為學生們遊玩之地。抗日時隸屬大後方的緬甸各省縣辦有很多所外文學校，尤其是僑民居住較多的華人、印度人和英國人都辦有著本國的語文學校，華文更為熱門，連鄉鎮都辦有小學部。臘戌市當然也辦有一所中學—中華中學，這所學校原本是留守在緬甸的國軍為教育自己眷屬子弟而興辦的，老師是由跟隨軍隊退至緬甸的那些教授、大學生和公務人員中產生的。經費全由部隊中支付，就讀學生不必交學費，華僑子弟們也紛紛進入學校就讀，學校的校舍就建立在抗日時期的傷兵醫院裡。國軍撤離緬甸後，江元恩校長和張忠民主任並沒有跟隨離開而留下維持著這所學校，經費仍由滯留在邊界成立的總部支援，直到幾年後局勢情況變化才由學生家長繳付，但是學費都很微薄。我家搬到臘戌後我們姐弟也進入中華中學念初中，當年我們學校師資非常高，讓一直就讀於華僑學校的我受益匪淺。老師們因為都是隨著國軍撤退的人員，受盡共產黨的迫害，再加上所讀的課本都是國民政府的教科書，因此灌輸給學生們民族觀念、愛國思想、反共抗俄是理所當然的事，從中華中學畢業的學生有大批都赴台去升學。緬甸新政府查封了外文學校後，老師們又各自東西的流散，這大批沒有書念終日惶惶然不知何去何從的中學生，看到西盟軍區的招生簡章，有一所大成學校可以接受教育，成績優良者可保送台灣培訓，有申請赴台者只要入台證件寄到一定會協助赴台，這是多麼好的條件，簡直是為我們這群失學青年開了一條康莊大道，當時無知的我們看了簡章誰會不動心？於是紛紛相約投奔到西盟軍區的陣營來了。

我寫信給已回果敢區滾弄城正與我交往中的表哥張世堂，告訴他我的決定，人各有志不必勸阻，他收到我的信後立刻趕到臘戍，看我心意已決無法勸阻，只好跟著我投入西盟軍區了。對於不喜歡讀書又胸無大志的他來說，這個決定全都是因為我，也很委屈，每次想來對他真的感到抱歉。我們雖然是表兄妹，但是我們的戀愛並沒有得到父母的認同。媽媽不喜歡這個外甥嫌他懶散不踏實，將來不會有什麼前途。表姨媽嫌我嬌生慣養只知道吃喝玩樂，不會是個賢妻良母。但是我並不在乎父母們的反對，我交男朋友不是為了想結婚，只想享受戀愛的快樂，享受情人給的呵護而已。雖然我們那個早婚的年代，以我的年齡早該兒女成群了。但是這不是我的意念，還沒出去看過廣大的世界，怎麼甘心就被關進廚房和孩子尿布裡浪費生命。張世堂的一再求婚都被我拒絕，只要求他多給我幾年的時間，他只能隨我的心意而行了。

我和張世堂到老臘戍下了車悠閒的向著郊外邊走邊談，向到熱水塘的方向走去，路上雖然遇到一些閒雜人，卻沒有引起注目。我們走到約定好的一個小草棚，草棚裡早有一群人在等待著。賴月秀、周文惠和他的姐姐、弟弟還有他父親一家五口竟然都在裡面，我奇怪的問周伯伯那麼大年紀還有興趣和我們一起參加部隊，他笑著告訴我。

「參加部隊是你們年輕人的事，沒有我的份了。抗日時我從我的僑居地馬來西亞回國打日本鬼子，跟著國軍撤退到緬甸定居的。現在緬甸赤化，和共產黨打了那麼多年的仗，他們那套言行不一的政策我太了解了，緬甸已不再是一個能安居樂業的地方。我請求馬司令讓我們跟隨著他的部隊到泰國再轉回我的老家去，馬司令答應了。不過文惠和文忠兩人會留在部隊服務，只有秀雲和文鳳跟我回去。抗日時期是我的時代，現在我已經老了，反共復國的責任就交給你們年輕人吧。」

正聊得有趣，黃自強和楊崇文來到，不以為然的看著我們說：「你們還真以為是出來郊遊的，只管在聊天。被緬甸兵發現就走不了了，還不趕快跟我走。」他這一催，大家就趕快跟著他走了。這時一身擺夷裝扮的王立華也來到，他向我們招招手轉身就走，黃自強和楊崇文又留下接應未到的同學。走了半個多小時，走到一個小山丘的森林裡看到三位穿擺夷裝的中年人起身迎來，王立華介紹他們就是來接應我們的朱連長、張副連長和王副官，身後還有姚永明、黃陞平等五位同學。不一會張儀和譚國民等又到了六、七人，算一算人數，還差侯福林等四人。朱連長帶著我們這群人走入更深的森林裡後就吩咐王副官到村裡為我們買食物，張副連長到四周巡查。過了不久，王副官帶著幾包糯米飯和一些紅糖（甘蔗糖）回來，看著這些簡單的食物我真難嚥下，但是大家都餓了，這幾包糯米飯和紅糖很快的就被我們吃光。肚子吃飽大家有了精神又開始大談理論。正在這時張副連長匆匆跑來向朱連長低聲報告，朱連長立刻召集大家說根據友軍通報，有一連隊的緬軍巡山隊正向我們這一帶山林巡查過來，不能再等後面的同學了，為安全起見我們要立刻出發。於是我們這一群二十六人排成一路縱隊，跟著朱連長離開那片森林向後面的山嶺走去。半小時後，我們爬到山嶺上，突然一陣槍聲傳來，空氣頓時凝結在緊張的氣氛中。朱連長叫我們伏地屏息不動，他機警的向山下四面觀察了一會，帶著大家靜靜的轉出山嶺，終於離開槍聲範圍，事後張副連長說可能巡山的緬軍發現我們休息時留下的蛛絲馬跡，才追了過來，我們必須更小心謹慎。朱連長帶著我們繞著山路躲避緬甸軍隊的搜尋，就在森林中與巡山的緬甸軍隊捉起迷藏來。我們這群學生在森林裡根本分不清方向，只能盲目的跟著朱連長走，直到下午六點多才休息下來。緊張的走了六、七個小時的山路，我們都累了，又餓又渴，早上吃的糯米飯早已不知消化到哪裡去了，張儀從背包中拿出幾包餅乾傳給大家，朱連長遞過一支軍用水壺。休息了差不多一個小時，出去探查消息的張副連長回來報告，緬甸軍隊查封了好幾條路線，村民們誰也不敢替我們帶路。朱連長只能帶了我們繞著山林反方向避開緬軍的巡查，我們這群近三十人的隊伍在黑暗的森林裡摸索，只有叢林中的夜鳥聲伴著我們窸窣的腳步聲。風吹樹梢，森林裡的仲夏夜竟然這樣寒冷。不知走了多久，朱連長才下令休息。藉著打火機的光亮，看看手錶已是半夜兩點半。這一休息下來我又倦又累，張儀把一張毛巾蓋到我身上，我輕聲謝謝他，藉著毛巾的溫暖我竟然靠著樹幹不知不覺睡著了。五點左右天才濛濛亮就被朱連長叫醒通知大家開始行動，他用高價請到一位當地居民願意帶路，並拿出幾包熱騰騰的糯米飯和一包甘蔗糖。原來我們都在酣睡中時這三位老隊員已經做好了那麼多事情。大家跟著那位帶路人走走停停的在森林中繞，直到下午六時多才進入一個村寨，他告訴朱連長已經安全可以休息一晚。晚餐時桌面上雖然還是一些簡單的飯菜，但是大家吃得如同山珍海味般美味。好好睡了一覺，我們這群青年又精神抖擻意氣高昂了。朱連長租了兩輛牛車給我們代步，我真感謝他的體恤。在崎嶇不平的山路中，坐在顛簸搖晃的牛車上，那股滋味也不好受，如果不是全身痠痛難耐，我還是願意走路。但是大家坐在牛車上並不休息，又高談闊論嬉鬧玩耍起來，真不知道朱連長看著嬉鬧的我們會不會生氣。黃昏時牛車在一個村寨停下來，朱連長把我們安頓在一座寺廟裡，叮嚀我們不要到處亂走，就帶著他的兩名手下離開了。

緬甸是個佛教國家，全國大小城鎮、山村小寨都建蓋著好多富麗堂皇大小不一的佛寺，除了節日讓人們坐禪拜佛外，也接待一些來往旅客落腳，吃住全在佛寺裡，不論時間長短。有些旅客臨走會投下一些香火錢，有些不會，寺中和尚同樣接待毫無慍色。緬甸各地民族尤其是撣邦擺夷族，平日省吃儉用，捨不得花錢，但是用在捐獻寺廟和布施和尚上卻毫不吝嗇，自從擺夷土司官布萊伍反抗新政府組織自衛隊上山革命後，村寨中佔地寬廣、房屋建得最牢固的寺廟，成了遊走在各地的民族革命軍的營房，而政府軍巡山搜索時也就駐紮在寺廟中，雙方你來我往的做拉鋸戰。善良的村民們只能看著這些不同的軍隊你來我往的穿梭在每一個村子裡，奔波的替他們效勞，從不敢反抗發出半句怨言。不過如果碰到軍紀最差的政府軍四十團前鋒敢死隊，村民們就會逃避開直到軍隊撤離，再回到村中整理被搜查破壞後的家園。我們落腳在這個不太小的村寨，寨中的寺廟蓋得寬敞而牢固，是用木板建蓋的兩層樓房。晚餐後得到朱連長的允許，大家就到這個大寨子四處觀賞。我們這群在都市城鎮中長大的學生從來沒到過叢林中的山村，這些景象對我們來說是既新鮮又好奇。在村中我們看到好多留著長髮身穿軍服的士兵來往走著，因為出門時朱連長一再交代不能向他們提出任何問題，雖然好奇卻不敢多話。後來從王副官口中得知這些士兵是布萊伍的手下，擺夷革命軍曾立下革命不成功就不剪短髮的誓言，以致形成這樣一支特殊的隊伍。朱連長帶著我們這群學生在山林中兜圈子的時候，幸運的碰上布萊伍的大隊進村駐紮，緬軍接獲情報不想與這大批擺夷隊伍開戰，繞道離開，這才解了我們的圍脫離險境。西盟軍區向來與撣邦地區各革命軍和卡瓦山的卡瓦民族革命軍交好，與這些地方革命軍和平相處國軍們才能滯留在滇、緬邊界安身和發展隊伍。第二天一大早吃過早飯，我們又坐上牛車開始前進。離開險境又經過兩夜安穩休息。我們這群年輕人恢復了生龍活虎的精神，又開始高談自己的理想抱負、努力的方針和那些革命書籍裡游擊英雄們的故事。

「時代在考驗著我們，我們要創造時代，革命的青年快下決心一起來。」不知道誰領先引吭高歌。「反奴役、反極權、反屠殺，掀起民族救國的高潮，驅俄寇、殺朱毛、誓復國土救同胞，………。」大家一起同聲合唱，一時之間嘹亮的歌聲響徹雲霄。生命的澎湃力從這群青年身上擴散到整片山林，山林也像是在回應我們激昂的熱情。下午三點左右，我們到達馬部臨時駐紮區帕當村。朱連長要大家下了牛車，走了沒幾分鐘，遠遠望見幾間竹籬茅舍前的路邊排著一列隊伍。只聽到一聲口令，排列著的隊伍向我們舉手敬禮以示歡迎。我們也慌忙的趕快舉手還禮，面對著他們的整齊更顯出我們的雜亂，我們終於到達我們理想的革命軍營了。投奔部隊的第一天，我們就經歷了這段驚險過程。不知是意味著參加游擊隊前面的路程就是這樣驚險，這段經歷只不過是餐前小點心，讓我們心裡有所準備，還是讓我們的生命中增添上更難忘的色彩。

帕當村是一個山明水秀的小山寨，四面高山環繞，一片菜園和一些不知名的野花圍繞在十幾間竹籬茅舍旁，山邊稻田裡栽種著已結穗的稻穀。我們居住的廟宇後面有一個美麗的小湖，安靜的躺在群山的懷抱中，水波盪漾盈滿。湖邊停著幾條獨木舟，湖中心有一個小亭子，從窗戶向外望去，村中美景全都在眼中呈現。尹雲芳帶著我們三個女生到湖邊去洗澡時，已有好幾個男生在湖中游泳嬉鬧著。我立刻被這片景色迷住，在這片叢嶺山野之地，怎麼會有如此優美的畫面，簡直是陶淵明文章中所寫的桃花源。這時有一位男生從水中起來跨上一條獨木舟，我忍不住向他招手大叫，要他讓我和他一起遊湖。坐在獨木舟上，我把手伸入水中昂首向天，欣賞四周美色，一面有心無意的在回答著這位男生的話。從小在城市中長大的我，從來沒有見過如此優美的景緻。我真的被這個小村子迷住，陶醉在這片美景裡。當然我和這位男生一起遊湖的這個景像被張世堂看到大為生氣，但是我才沒空理他。

第二天天色微亮，我們被齊聲喊殺的呼聲驚醒。揉著惺忪的眼睛到門外一看，原來是先到的那批學生正在上軍操刺槍術。整齊威武，英氣勃然，使我好羨慕。早餐的哨聲響起，尹雲芳拿給我們每人一套碗筷，告訴我們這是吃飯的用品，每天都要自己收放著。越過幾家農舍來到一個院子裡，地上架著幾張竹做的桌椅，我們走到被分配的位子坐下。看看桌上的菜，除了兩盤菜一碗湯之外，還有一盤豬肉。向來挑食的我看著這麼簡單的菜和配著不喜歡吃的糯米飯，真的是吃不下去，尹雲芳卻很高興的挾著菜要我快吃，說今天為了歡迎我們特別加了一盤肉，平常一星期才會有一次肉吃。但是我們的伙食比起村民們，已經是非常豐富的了，村民們的家中有些人家連食油都沒得吃。因為山地上栽種出的糯米稻穀比一般稻穀要好，而且糯米飯比米飯更耐飽，所以我們也只能跟著吃糯米飯了。吃飯的小插曲不只這些，因為伙食差，男生們常到山林裡用自製的武器打野獸，因為在隊部裡槍彈是不准亂放的。於是餐桌上常出現各種不同的野味，如果獵到山豬或者羚羊等大獵物，大家高興的加菜打牙祭，如果只獵到山雞、飛鳥、竹鼠之類的小動物就不能分享了。我最怕他們獵到野貓、松鼠、蛇之類的小東西，他們會只隨便的剝了皮烤熟就往桌上一放，隨手撕下來吃。最恐怖的一次是獵到一隻猴子，烤好後放在桌上，那模樣像極了一個被燒焦了的嬰兒。嚇得我連桌邊都不敢靠近，更別說是去吃飯。我們到達帕當村的第三天就跟著同學們一起開始上課了。我們學生隊的隊長是尹載福，副隊長明增壽，和隊副楊國光。這三位學生隊長都是從當陽城來的，是當陽城青年的領導人物，也是與西盟軍區部隊開始連絡上的人。他們曾親自到軍營與馬俊國司令會面，去探查清楚這確實是一支滯留在滇、緬邊界，受台灣國民政府支援的反共救國軍。他們遂把緬甸華僑社會青年們的心願、理想抱負向馬司令表明，並得到他當面的承諾，而開始替軍營召募聯絡各地有志投入革命軍營的青年，投奔到西盟軍區來。並且把馬司令承諾會協助入台證件寄到的學生赴台，和軍區還辦有一所大成學校為國家培育人才，有機會赴台深造的消息傳開。短短兩個多月的時間，不但召募到當陽城、臘戌市、密支那市的大批青年，甚至緬甸中南部各地城鎮的青年都投奔而來。馬俊國司令意想不到緬甸這一查封外文學校，竟然引來這麼多的知識青年投奔，給他帶來大批人才。他因為撤台時部隊遠在緬北趕不上隨著柳元麟將軍離開，而奉命留守滇、緬邊界，苦苦撐持了這麼多年終於讓他熬出一片天來。為順著學生們初入部隊的適應力，他把學生們整編為一個教導大隊，隊長就由學生中產生，開始替他召募聯絡的尹載福等三人，自然的就成為教導大隊的正、副隊長。

我們開始隨著上課的當天下午晚餐後，馬俊國司令到教導隊來探望我們。他是一個年約五十多歲中等身材的壯年人，雖沒有軍人那副威武的氣魄，卻滿面精明。他為我們介紹跟在他身後的兩位長官，木成武師長和翟恩榮副師長。這兩位師長和副師長就有一副充滿軍人魄力的樣貌，是馬司令的得力助手，一直跟隨在他身邊穿山越嶺的在滇、緬一帶從事游擊隊活動。他非常高興的向每位新到的學生們握手問好，溫和熱情的歡迎大家後，要值星的分隊長整隊就向學生隊訓話。

「游擊的生活是艱辛而困苦的，投入革命陣營當然沒有在家中那麼的舒服，相信大家心裡一定早有準備。但是今天赤化後的緬甸已經奪走了你們舒適無憂的生活，你們才會投入革命陣營的。我一生戎馬，和共產黨周旋了十幾年，太瞭解共產黨那套作風，你們選擇了正確的道路。西盟軍區是一支正統隊伍，由中央政府從台灣直接支援指揮。在這動亂不安的大時代，國家需要你們這批新力軍為國家的明天奮鬥。我會送你們到泰國後方基地受訓練，為國家培育專才幹部，遵守我對你們的承諾，決不會讓你們失望。抗日時期是我們的時代，我們為國家奉獻了每份心力。今天反共復國是你們的時代，我相信你們會像堅守在滇、緬邊界的這些游擊隊前輩們一樣，在這大時代中刻畫下磨滅不去的歷史痕跡。有你們這些有力的接棒人來繼承復國建國的重任，自由民主的中國才會永遠屹立不倒。我會將你們的名字呈報到中央黨部建立檔案，你們以後的成績和表現都會在黨部存留檔案，絕不會是一片空白。請同學們保持信心跟隨我，一同站在反共復國的陣地上。」馬俊國司令能言善道，他鏗鏘有力的詞語，聽得我們熱血沸騰，充滿信心。是的，今天的時代是我們的，我們要接受考驗。看了那麼多游擊隊健兒們的英雄故事，那一位游擊英雄不是在艱辛、流血流淚中成就他們偉大的一生，讓後人歌頌景仰。這才不會枉費我們的一生，我們應該慶幸生在這個偉大的時代。

馬司令宣布星期六晚餐加菜請學生隊晚餐，晚上舉行迎新晚會歡迎新同學的到來。第二天一早，我們被早晨起床的哨聲驚醒，照著分隊長的指示加入晨操軍訓的練習。除了安排基本軍訓和政治幹部課程由老幹部擔任外，還安排了古文和英文課程，教師就由隊裡文學較高的學員負責。晚上的學習檢討會馬司令會來督導或派處長等來督導，何奇參謀長是最風趣的一位。一整天的課程結束，三點半晚餐後就是大家最喜歡的自由活動時間。在操場上打籃球的、到林中散步的、到湖中游泳泛舟的，拿著自製武器到森林裡打獵的，盡情享受這段課餘時光。三天後，與我們離散的侯福林和雷兆華等六人也到達了。我很興奮的投入與舊環境全然不一樣的生活中，和來自不同環境、不同城鎮的同學們過著學生生活。無憂無慮的學習、玩樂，愉快極了，每天忙著收集新環境中驚喜的點點滴滴。最讓我感到不愉快的是隊長尹載福的指責，他非常反對男女生在部隊談戀愛，尤其是我和張世堂竟然是以情侶的身份進入隊伍。他說我們進部隊不是來談情說愛，是來幹革命的，那有帶著情人來的。所以我常被他檢討要多自愛，別出問題給學生隊添麻煩。副隊長明增壽是個沉默不多話的人，卻很親切又能體諒人，他常安慰並開導情緒低落的同學們，從不指責人，聽說大多數的同學都是因為他的關係才進入部隊的。隊副楊國光年紀最輕，更不會擺隊長架子，常和同學們打成一片。有一次上晚間政治課，羅仕傑處長講完課後，指導我們實習怎樣由民選中選出領袖。同學們投票結果，明增壽和楊國光的選票竟然超出尹載福很多。同學們大笑著拍手，終於有機會表露自己的心聲，尹載福鐵青著臉在生氣。這些都是在帕當村受基本訓練中的小插曲，檢討別人表揚自己的年輕人心態。我們仍然愉快的過著無憂無慮的學生生活。這種生活那像是游擊隊生涯，反而像是參加了一個由各地學校組合的大型露營團體。端陽節到了，馬司令為要向學生表揚對屈原愛國情操的景仰，舉辦了一個盛大的紀念會。兩天前就忙著摘可以包粽子的葉子，砍伐竹子做龍舟，當天除了白天的籃球賽、游泳賽、龍舟賽外，晚上還有遊藝聯歡會。全體官兵、新舊隊員，在熊熊營火光中各盡所長的唱歌、跳舞投入活動中。拉得一手小提琴的李曉民和賈生龍的簫琴合奏，中西合奏竟然那麼優雅。尹載福彈起吉他獨唱了一首民謠，想不到平日板著一張嚴肅的臉，只談愛國情操的他竟然彈得一手好吉他。活動近尾聲，老隊員們彈起弦子帶著大家跳起山地民族稱為「打歌」的舞蹈，大家圍成一個圓圈隨著老隊員的弦琴節奏一面互相對歌，一面跳舞的盡情歡樂。我受不了天邊一彎新月的誘惑，悄悄離開歡樂的人群向湖邊走去，安靜的湖邊因為這淡淡的月光景色更顯優美。突然一陣高亢充滿磁性的男高音從湖心飄來：「空亭飄著流雲，高台走著狸聲，人兒伴著孤燈，棒兒敲著三更。」啊！是「夜半歌聲」。是誰有這樣高雅的興致在半夜的湖上唱著這首淒迷的「夜半歌聲」？我向來愛看小說，尤其是對革命和抗日時代那些地下組織、游擊隊員們的英勇故事更加著迷。我看過《夜半歌聲》這部影片，深為男主角忠勇愛國的情操、因受傷而變為鬼魅般的身影，和女主角孤獨淒涼卻忠貞不變的愛情故事感動。突然在這深夜的湖邊聽到這首感人的歌聲，我癡迷而情不自禁的沿著湖岸尋找那位高雅的歌者。突然一絲簫聲隨著高亢的歌聲合了上來，把幽雅的情景陪襯得更富詩情畫意。隨著歌詞的尾聲，湖心一條孤舟向著吹簫人站立的岸邊靠近。歌者上岸我走近一看，原來是我們那位溫文敦厚的隊副楊國光。他有這麼一副好歌喉，晚會中卻沒見他出來表演。原來他為了要讓同學們無牽無掛的盡情歡樂，自告奮勇的接了站夜崗的任務，賈生龍是來換崗的。楊國光上了岸看到呆立在岸邊的我，驚奇而不滿的責備我半夜三更不知安危的跑到湖邊來，把我沉醉在羅曼蒂克的幻夢打破。他堅持要把我送回宿舍，我雖然心不甘情不願，也只能隨著他向宿舍走去。這是我與隊副楊國光第一次單獨的接觸，雖然掃興，對他的印象好極了。這時張世堂也因為看不到我而找來，生氣的鐵青著臉，明天我們又有一場架好吵了，我才不管他有什麼反應，只想好好享受這可遇不可求的時光。

帕當村！雖然只是短短一個多月時間的停留，卻是我一生中最美好、最無憂無慮，充滿著希望理想的一段時間。我嚮往的就是這種沒有紛爭、自給自足安定和睦的世界。而這個世外桃源竟然真實的出現，出現在我初入軍旅生涯的現實中。

從觀音山鳥瞰新臘戍部分市區（左一）張世堂、 楊富、作者、余金鳳。

當年建築最宏偉的觀音寺。 張世堂、余金鳳夫婦與作者。

雲南
緬甸
寮國
泰國

第二章

南下泰北原始山嶺中的見聞

七月初，我們這批投筆從戎進入馬部西盟軍區的學生，經過了短短一個多月的基本軍訓，由於帶著這大批赤手空拳，又無游擊作戰經驗的學生，在山嶺各地四處遷移遊走是件麻煩有危險的事。於是馬司令把我們這批學生整編為一個教導團隊。由尹載福任團長，楊國光任副團長，明正忠和王立華擔任第一、二連的連長，明增壽願意留下來接應以後加入軍區的青年學生。團隊正、副兩位團長加上十名女生，和兩個連隊六十四名教導團隊編隊完畢後，就由剛返歸營區的師長木成武帶著他的十多名隊員護送教導團隊，南下泰北基地接受完整的軍事訓練。教導團整編完畢後在出發南下的前幾天，團長尹載福在課堂上或集合隊伍時一再嚴格規定隊員要嚴守軍紀，絕對服從命令以表現軍人的威武本色。其次嚴禁男女隊員談戀愛，以免鬧出一些麻煩的紛爭，如果不能遵守這兩條紀律，他要請求馬司令把不能接受規定的隊員留下不要參加他的團隊。如果大家願意遵守他規定的條律卻在半途中違反，他會堅持把違反的人留下不准再加入行軍行列。他這一規定隊員頓時少了一半，大家認為凡事只能順其自然，才剛進入部隊，不可能像老隊員似的馬上就能辦到，只能讓大家從環境的磨練中慢慢的去學習去適應。而且男女戀愛是青年人的常情，感情發生了誰能控制，只要不亂搞男女關係就好了。這場紛爭一直維持了好多天，直到馬司令出面調解。他安撫隊員們說南下行軍就是希望大家從艱苦的環境中磨練出堅毅的精神，學生們不可能才進部隊就變成一個老練的游擊隊員，這需要時間的磨練。而且赤手空拳沒有接受嚴格訓練的隊伍，那能和共軍對抗，反攻大陸就變成空談了。帶著大批沒有受過訓練，沒有武器裝備的隊伍是件危險的事。就只是緬甸軍隊就無法對付更別去談突擊大陸對付共軍，他是為了隊伍的安全才做此決定。負責護送教導團隊的木師長是位帶隊幹才，經驗豐富，對處理行軍中的突發事件全能迎刃而解，請學生們安心的接受他的帶領，凡事他都會看情形處理，要學生們體諒他帶領游擊隊的不易。我並不願參加尹載福帶領的第一批南下的教導團隊，因為我與尹載福彼此之間都沒有好印象，相處在一起必定會有不愉快的摩擦。可是張世堂堅持要加入第一批南下隊伍，能早一點接受編訓，就可以早一點了卻我的心願，讓我沒有牽掛的和他結婚也了了他的心願。而且尹載福雖是教導團團長，真正帶隊的是木師長，他絕不能為所欲為的。南下教導團隊派發到三匹牲口，一匹用來馱炊具，一匹為女生馱行囊，另一匹備用來讓生病或走不動的同學做代步工具。木師長要大家盡量減輕背負的背囊以方便行軍，馬匹也不能馱負過重，尤其是我們女生不能把太多的衣物用品加入馱運的行囊中。一切準備就緒，出發當天清晨，馬司令向團隊訓話，看著重新編整了的隊伍，雖沒有整齊的軍裝和裝備，卻掩不住這群青年蓬勃的生命力和充滿幹勁的精神，他巡視著這批屬於他的新力軍，滿意的笑容浮現在他的臉上。他要大家學習忍耐去克服面對的艱辛，爭取把握住自己的機會以發揚我中華民族兒女堅強不畏艱苦的精神。訓話結束，隊伍就向著山嶺出發了。臨別前一天，我向著那個平靜的湖邊繞了一圈，走訪了幾間蔬果圍繞的竹籬茅舍。再見了，美麗的帕當村！我夢想中的桃花源，在今生今世我想再也不可能會遇到如此優美的山村了，讓這段美好無憂的日子永遠銘記在我的腦海裡吧。以後的歲月中我雖然到過好幾個國家，遊玩過好多美麗的山湖，卻始終沒有再見到過我心中嚮往的桃花源了，也許我已失去了當年那片純真的理想，失去了那群滿懷壯志的人群，人生的際遇真是可遇不可求。

師部的隊伍打前鋒和殿後，教導團隊居中，男生們除了自己的背包外還背負著三天的米袋。女生們背個小布袋穿插走在兩個連隊中間，被英勇戰士們保護著的感覺還真不賴。我們教導團只分發到一支槍，是支短把的衝鋒槍，用來做夜晚站哨防衛用的，白天副團長楊國光背了這支短把衝鋒槍，前前後後穿梭在團隊中照顧。最威風的當然是騎在馬背上的團長尹載福，他身上既沒有任何背負，也不必走路，那匹配給教導團備用的牲口成了他的專用，在他的鞍前馬後還指派了明增富、張儀兩個勤務兵跟在身邊聽候命令，張儀因會照顧馬匹而被特派為照顧教導團隊馬匹的人員。官比兵多、兵比槍多、槍比子彈多，忘記了是哪本書中形容游擊隊的話語，此時出現在我的腦海，看了編隊後的我們，正副團長、正副連長、和正副排長還有女生隊長，頭上有官階的就有十一人，而隊員只有五十三人而已，再加上都是赤手空拳沒有武器，實在感到好笑。不過這只是過渡時期，南下受訓裝備後絕不會再是這個情形了。行軍隊伍排成一列縱隊向前走，我依依不捨的揮別住了兩個月的帕當村，我夢想中的桃花源。第一天的行程很短，只走了三、四個小時就在一個擺夷村寨住下來。因為走的時間不長，不感覺累，住下來後就砍柴、洗米、生火、煮飯。開始行軍時，調派在學生隊的炊事兵就被調走，吃飯得自己處理，每連男生負責煮一鍋飯和運水的事務，女生則負責煮湯做菜，大家嘻嘻哈哈的又說又笑，這哪像行軍而像是在露營野餐。連長、排長和副食官在討論要怎樣買菜餚時，我們都到村中遊玩去了。

第二天一早吃過早飯包好便當等待出發時，木師長和翟副師長來到教導團，看著排列好的隊伍，值星官王立華喊口令向他敬禮報告後，他就對我們說：他受馬司令之命護送教導團隊南下泰北並安排集訓，要與大家生活在一起一段長時間。山路崎嶇難行，開始行軍時會感到辛苦，所以這幾天他會放慢速度，等越過當陽城壩子時就會加快速度，好在大家接受過一段時間的基本訓練，對我們能克服困難的堅毅精神很有信心，知道我們必能適應，並希望能與我們相處愉快。如果我們有什麼疑難問題可以直接找他報告，他必會替我們排解困難。聽了他的這番話，我們頓時放心不少。這樣走走歇歇的走了幾天，已到當陽城邊的山嶺上，中午停息下來時，我們在山嶺上遙望著被重重山嶺環抱著的那片寬廣的當陽城壩子，情懷激盪，尤其是家住當陽城的同學們。突然一連串的卡車出現在蜿蜒的山路中，車身色彩與形式隱約可辨，竟然是一排緬甸軍車正在穿越山林，軍車行駛的聲音和喇叭聲清澈可聞，我們感到很有趣，渾然忘卻身處險境。下午五時左右，行軍命令傳達下來，隊伍翻下山嶺向當陽城那片大平原走去，一直不停歇的走到天亮，這一天一夜的行軍讓我們領受到游擊隊行軍的真滋味。後來木師長告訴我們這一晝夜的行軍因為並非在緊急狀況下走得不算太急，為的是體念學生們開始走夜路難以適應。但是這一晝夜不眠不休的行軍對我們來說已經吃不消了。連夜穿過當陽城壩子再翻越兩座山嶺休息下來已是中午，大家累得躺在地上直喘息，吃過便當又再起軍上路，當晚住到一個擺夷寨。每次紮營分配到幾家農舍，尹載福都選了最好的一間，十名女生和兩名勤務兵也沾了他的光住到最好的房子，但卻也沒有空閒的要服侍照顧他。副團長楊國光則與男生兩個連隊住在一起，進進出出的幫忙男生們打點事務照顧隊員。正副之分，差別竟這樣大，我真為他叫屈。他卻笑著告訴我，尹載福自幼身體健康並不是很好，行軍趕路的辛苦他可能受不了，能夠一路健康的到達泰國，就減少隊伍的負擔。尹載福照顧女生，他照顧男生，各盡責任，他也樂於和大家打成一片，對於他寬宏的氣度真使我佩服。在撣邦山地行軍中路過的大部分都是擺夷族寨子，擺夷族的支派很多，除了特有的方言外大部分的語言相通，但有些風俗細節卻相異。有一次駐紮進一個擺夷寨，洗好澡回來，我感到餓了，拿出一罐煉乳，看到房屋火盆上方位置的竹牆上插著一把短尖刀，我走上去把尖刀拔下在煉乳罐上開了兩個小孔後又把刀插回原地，轉身時卻看到剛進屋中的男主人滿面怒容的看著我大罵，他衝上前拔出我剛插好的尖刀瞪著我，這可把我嚇壞了，以為他要行兇。我不懂擺夷話根本不知道他罵什麼，只以為因為沒有徵求到主人同意動用他的用品而惹怒了他。男主人瞪著我大罵時也嚇到了屋中的同學們。只見

203大隊在緬北擺夷區經過村寨行軍照片。（一）

他怒氣沖沖的拿著刀衝出大門，直到入夜才一身濕淋淋的回來，他走到火盆右側面牆躺下一言不發的生悶氣，連他的家人和他說話也不理。尹載福看我闖了禍，找來一位熟通擺夷話的男生，他先向主人道歉並追問原因，女主人才說出原因我確實得罪了他們。擺夷人家房屋中間都有個火盆，這個火盆除了燒飯煮菜外，兩邊是客廳也是臥室，客人來訪時大家就圍繞著火盆燒水泡茶聊天，左側是主人全家的臥室，右側就招待客人住宿，沒有分隔房間的。面向大門的位子是主位，竹牆上方有個供台供著佛位，只有尊長和男主人才能坐，另外三方為客位，

203大隊在緬北擺夷區經過村寨行軍照片。(二)

女人最了不起也只能坐在右邊的客位。他們非常忌諱女人穿越主位，這代表了對男主人的不尊敬會給他帶來不祥。原來他們男女尊卑界線畫得這麼清楚，我無意中犯了大忌，害得男主人要到河裡淨身還要到寺廟去齋戒至少三天，怎能不讓男主人怒氣衝天呢。經過了再三道歉和解釋才平息了我這場無知中闖的禍，以後行經擺夷寨住宿，我再也不敢犯錯了。我們在緬北撣邦行軍，除了擺夷村寨外，也會經過拉胡、黎索、阿卡等族的村寨。這些民族風俗與擺夷族完全不同，與擺夷民族住的房屋雖然大同小異，懸空的半截竹籬茅屋，上半截圍有竹籬的住人，下半截空地用來養豬、雞、牛馬等家畜。人與家畜

203 大隊在緬北擺夷區經過村寨行軍照片。(三)

同居在一個屋簷下，真是臭氣薰天，他們卻安然自得，因為家畜與人一樣重要，但是擺夷村寨就比較乾淨得多了。拉胡與阿卡族人喜歡把村寨建在半山腰與水源相距很遠的地方，每天往返擔水要好幾個小時，他們把粗大的竹子砍下截取需要的長短後，就打通中間的竹節成為水桶，在用竹子編成的竹籮裡放了竹筒後，用前額背了竹籮向山谷溪間走去。婦女們手中還不停的拿著簡單的紡紗筒在紡紗。我好奇的向他們追問，經過輾轉的翻譯才瞭解他們喜歡住在離水源遠的地方是因為有更多的時間紡紗，每天往返於擔水時，手腳靈活的人已把當天需要的紗紡好。男人們上山打獵也方便，他們在山上種的稻穀和玉米只要老天下雨澆灌並不需要他們去澆灌的，離水源近濕氣重會容易讓他們生病。有一次到達一個山嶺的拉胡寨住下，我看到家家戶戶房屋四周靠牆曬了好多紅土片，奇怪的問村民紅土的用途，因為語言不通難以溝通，後來一位經驗豐富的老隊員解了我的迷惑，原來這些紅土是稱為觀音土，只有滇、緬山嶺的幾個地方才有，因為有些山嶺上的土地貧瘠，栽種的稻穀雜糧並不夠居民吃一年，半年有米飯吃，等下半年米飯中就要摻入雜糧，但是最後的兩個月雜糧中又要摻入這種觀音土，觀音土沒有營養，對身體也無害處，只是吃

陪兩位自曼谷來的友人探訪阿卡寨與阿卡族一家合照，右第一人為作者。

阿卡村寨數十年如一日。公路修建後，可能會有改善。

阿卡族的村寨，兩位學生探訪阿卡寨。

了會讓人有飽足感，這樣才能維持到來年新稻穀收成。每家把觀音土曬乾以除去土味。我聽了惻隱之心大起，奇怪他們為何不選比較肥沃的地方去居住，這樣就可以種出夠吃的農作物，或是乾脆居住到平地和城鎮，在城鎮中就算去幫工做苦力也能吃飽三餐。那位老隊員聽了忍著笑又向我解釋。山地民族就算找到肥沃土地開墾種植了兩年，不懂水土保養土地也會貧瘠，這種學問他們並不懂，如果這片山嶺上再也栽種不出夠吃的食物，就會遷移到另一個山嶺，叢山峻嶺地廣人稀，求生存並不困難，房屋簡單易蓋傢俱又少，遷移村寨反而是簡單的事。如果到平地城鎮求生活，他們瀟灑慣了的習俗絕對競爭不過平地人，可能三天都生活不下來。山嶺中少數民族需求極少，自供自養，紡紗織布裁縫衣物，在簡陋的工具中也能縫製出牢固的衣物，男人們一年會到離村寨幾天路程的大寨子趕集，用獵到的野獸或挖採到的奇珍藥草來換取刀斧、鋤鏟、鍋子等鋼鐵器具，也會為婦女們買些針、剪、花線細紗等用物，讓她們身上的衣物和帽子邊沿上增添美麗的花紋色彩。婦女們有些也會跟著男人們去趕集，有些卻一輩子都沒離開過山寨，山地民族婚齡一般都很早，十三、四歲的小女孩懷中和背上，常會背或抱著比她們更小的嬰兒，為小嬰兒哺乳時母性的驕傲和喜悅出現在她們那張幼稚的小臉上，他們是一群滿足於山嶺生活的小父母，繼承著山嶺生活的民族傳統。山嶺生活雖辛苦卻安逸舒適。

緬甸政局赤化後，這些與世無爭的山地民族也受到極大的影響，各種不同單位的民族革命軍不斷的在山寨中穿梭，打亂了他們寧靜而單純的生活，最要命的就是米糧問題。這些背了槍帶著炮的軍人如果帶的糧食不夠就會向他們徵收，而且這批走了那批又來，給不勝給，使他們原本就不夠食用的米糧更缺乏了，雖然有些隊伍會用錢來和他們買糧食，但是這些鈔票對村民們並沒有多少用處，他們不需要常常趕市集購物，一疊疊的鈔票在他們手中全是些廢紙，遠不及米糧來得重要，眼看著越來越少的米糧，少得已不夠他們吃半年，他們當然不肯再換下去卻又怕老兵們身上背著的武器，因此山寨村民並不歡迎這些過境的革命軍人，尤其是政府軍。政府軍隊過境雖不向他們徵收米糧，要的東西卻更多，養著的牲畜、雞禽全逃不過，尤其是把強壯的男人抓去做挑伕，挑東西帶路，好些被抓去做挑伕的人再也沒有回來，碰到政府軍入境，村民會全部逃走只剩下一個空寨子。當木師長帶著我們的隊伍進入第一個拉胡村時，不了解山寨情況的我們都興致勃勃的到村民家中想向他們買雞和雞蛋來為自己補充體力，可是卻得不到村民們的善待，只要看到這群雖然沒有穿軍服也沒有帶武器的阿兵哥、阿兵姐來到，婦女們就會猛搖雙手喊著「馬覺」、「馬覺」。然後把門一關任憑大家怎麼叫都不肯開門，也有些人家會避開，留個空屋子給你。經過了幾個拉胡、梨索、阿卡村寨後，我們稍微瞭解當地狀況也弄懂了「馬覺」是拉胡語沒有的意思。尹載福對團員們的約束更嚴，不准隊員輕易到村民家中去走動。每當進入一個山寨剛好沒糧食時，木師長盡可能用老盾（民國初所用的銀元）來向村民換糧，村民們當然不敢不換，只見家家戶戶都忙碌的把穀倉裡的穀子拿到門前木臼裡舂，把米籌足送上，村長會可憐兮兮的用不流利的擺夷話請派米的副官給他一張收據，表示他們真的有拿出過米糧幫助革命軍。村長從衣袋裡掏出一個包了一層又一層的塑膠袋中拿出幾張紙條作證，至於紙條中寫的是什麼他當然全不知道，這幕情境剛好被從山溪間洗澡上來的我們幾個同學看到，惻隱之心大起，原來山寨民族的生活過得如此無奈。不過有些革命軍路過山寨時，背著的米糧多的話也會送一些給村民。我就看到過木師長把從布萊伍隊伍給我們的米糧留下一部分給路過的村寨，難怪這些山寨的村民還能與各地民族革命軍和平相處，容忍著所有經過的軍隊。

我們南下行軍旅程中也碰到過兩次沒有飯吃的事件，還好每次都只被餓了一餐。第一次是在翻越過一座山嶺後前哨發覺走錯了路，這時已近黃昏前不連村後不接寨，而背著的米袋已空。走了一整天的路大家早已飢腸轆轆，哨兵在四周探查時發現那裡有幾塊已經收成過的馬鈴薯農地，師長下令大家去撿拾農人們留下不要的小馬鈴薯充飢。我們撿拾了兩大鍋煮熟以後，沾了鹽巴填飽了肚子，當夜就在山野露宿。還好那夜天公作美沒倒下傾盆大雨。第二次比較幸運停在一片種滿玉蜀黍的山地上，大家就採摘玉蜀黍充飢。行軍中除了米糧自己背負外，菜餚就更簡單，駐紮在村寨時會買一隻豬來殺，當天就把頭、腳、內臟一起下水煮來做菜，肉和油就把它炸乾放入桶裡馱在馬背上用來炒菜吃，讓隊員們就算吃不到肉也能感到口中的肉香味。行軍在擺夷寨還好，比較容易買到菜蔬，行軍在拉胡、黎索、阿卡寨時就難買到，想吃到豬肉都難，更別提雞、鴨等稀有珍品。

七月中旬緬甸北部已進入雨季，行軍時常有傾盆驟雨降下，也會有連綿細雨數日不斷，偶爾碰上寒流，細雨中的天氣會非常寒冷。隊員們紛紛向經過的擺夷寨買了竹斗笠和塑膠布遮雨，竹斗笠大小不一，塑膠布也長短不一，雖可以勉強遮雨，但在驟雨中仍然會全身濕透，再加上雨季山溪暴漲，身上雖披了塑膠布，當涉水而過時下半身永遠都是濕的，有時涉過的溪水深及腰或膝，混合著塑膠布裡被汗水浸濕的身體，所以無論是天晴下雨，身上沒有全是乾的一天。只有經驗豐富的老隊員早已備有長蓬雨衣，情況當然比我們要好。最後大家只能去適應雨季的行軍生活，認定一套衣服穿在身上行軍，到達紮營地洗過澡後把這套衣服晾著，換一套乾淨的衣服，第二天行軍時再穿上那套行軍服。那套衣服當然不可能在一個晚上晾乾，第二天一早乾淨溫暖的身體穿進這套又濕又冷的衣服裡，那股濕冷又臭的感覺有多不舒服很難形容出來，不過時間一久也就習慣了。但是和帶隊的木師長比起來就小巫見大巫了，他在行軍時有過一個月不刷牙洗臉，兩個月不洗澡換衣服的記錄。他告訴我們和卡瓦山的卡瓦民族比起來他卻遜色的連邊都碰不上，那像我們這些少爺小姐們一天不洗澡換衣服就呱呱亂叫。說實在話，在擺夷寨紮營還好，住的房屋寬敞又靠近水邊，走了一天的路洗個澡換上一身乾淨的衣服是很舒服的事。有一次在傾盆大雨中又遇上寒流來襲，我們在一個大廟裡駐紮了三天，男生們砍來很多柴，把廟裡的每個火盆都燒得好旺，廟外風雨寒流，廟內處處溫暖，大家圍聚在各個火盆邊彈吉他唱歌的、吹笛吹簫的、打撲克牌的、談天說地的，在大廟裡生氣勃勃中享受了三天舒適的日子。有一次，駐紮進一個小寨子裡，教導團只分到兩間小屋，最好的牀位當然是屬於尹載福的，我們十個女生都擠在一張移開了玉蜀黍的竹榻上不能動彈，想翻個身都必須通知大家一起行動。這幕擠沙丁魚似的情景，成了我們以後相聚時常談起的趣事。被分派到與我們同一間屋子的男生只能就地而臥，他們很瀟灑，只要有一席容身之地，把塑膠布鋪在地上，背包當枕頭，一條粗毛毯往身上蓋好，不幾分鐘就已進入夢鄉。如果我們半夜想起來方便上廁所的女生，非但要事先與一起擠在竹榻上睡的人打招呼，還要小心會踩到睡在地上的男生。最糟糕的一次是翻越山嶺後卻找不到村寨，原來那個拉胡寨已遷移，只剩下一堆燒焦的廢墟。眼看天色越來越暗，大家又累又餓，木師長下令原地露營。我們盡快的煮好飯菜，飯後摘些樹葉墊了做床位。有兩片塑膠布的同學一片墊在樹葉鋪的床位上，一片就著毛毯蓋在身上以防下雨。半夜兩點左右老天果然降下傾盆大雨，我們都被大雨淋醒，抱起毛毯披上塑膠布坐在地上等天亮，只有那些有兩片塑膠布能墊又有蓋的同學在雨中照睡不誤，只是不知道他們是否能睡得熟。

在大雨滂沱或細雨綿綿的雨季行軍，其中的狼狽是可以想像的，翻山涉水摔跤受傷是難免的事，但卻必須加緊腳步不能脫隊以免妨礙到行軍隊伍。最危險的一次是要經過景東城南邊叫小猛布的村寨，因為當地有緬甸邊防軍和投靠政府的拉胡自衛隊駐守，木師長指揮連夜急行軍繞道而行，第二天在滂沱大雨中要渡過因山洪而暴漲的猛布河。因為有緬軍在近駐守，木師長不敢讓隊伍在河邊逗留，只能強行渡過暴漲的河流，這二十分鐘的強行渡河真是險象環生，師長命令隊員連成兩隊人鏈，經驗豐富又身強體壯的老隊員在外鏈，教導團隊員在內鏈，女生和生病體弱的隊員每人中間穿插一名男生拖牽著渡過及腰的急流，這一安排讓隊伍全部安全渡河。行軍中我們每天只在黃昏紮營時煮一餐飯，吃飽後再帶上第二天的便當。張世堂知道我吃飯慢，他吃飽飯後一定會為我包上第二天的飯，不然等我吃飽後絕對沒有飯剩下可以讓我打包。對他一路上的細心照顧，我是非常感謝的。走了二十多天我們過完擺夷民族革命軍的領域來到薩爾溫江下游。師長告訴我們渡過江再走幾天就到達泰國邊境，也就是到了安全地帶不用擔心緬軍的巡山了，我們聽了興奮不已。望著滔滔江水，江面浮現出我們嚮往中的希望，美景在前希望就快實現。在江邊，護送教導團南下的師部隊員初次與全體隊友聚集在一起，七、八十名新舊軍人和十多匹牲口的會合，陣容確實龐大，使冷清的江邊添上無限生氣。當然部隊渡江絕對是選在沒有村寨的偏避之地，這樣才更安全。雨季暴漲的江水使江面更寬闊，水流更急。偏避之地當然沒有擺渡的船隻，就算去找到村寨能借到的只是些小獨木

南下渡薩爾溫江渡口，左起：蔡俊雄、擺夷女小販、黃培信、彭新有、楊紹堂。

舟，根本派不上用場，隊伍又不能在毫無遮蔽的江邊停留太久。木師長立刻下令老隊員帶著教導團男生到江邊竹林砍伐竹子和能編織藤條的樹皮，加上馬身上綑綁馱子的皮索，不一會功夫就編了兩個堅固的大竹筏。兩名老隊員跳入江中向對岸游過去，不到半個小時那兩名老隊員已游到對岸，他們向木師長打了幾個手勢，木師長就下令把牲口趕入江中，幾名老隊員游在前面呼喊引領馬匹向前，幾名隊員游在後面吆喝追趕。有三匹牲口怎樣牽引都不肯下水，只好留在後面，頓時江面一片馬頭，在馬的嘯聲、人的吆喝聲中渡過大江，這景象確實壯觀。眼看已過江心就快到達岸

渡薩爾溫江。

馱子以兩獨木舟合併架設本板方式渡河較安全，也有以單舟過渡，但危險性較大。

渡薩爾溫江。

騾馬渡薩爾溫江。

邊，突然一聲悲嘶，一匹棕色的馬被急流沖往下游，牠極力掙扎嘶鳴卻掙不開那片急流，在江中趕馬匹的弟兄只能眼睜睜的看著被急流沖走的那匹馬而無計可施，還好其餘的馬匹都平安過江。馬匹渡江之後，木師長下令划竹筏子的幾個老隊員先後把教導團員載送過江，本來有幾個游泳好的同學想一展身手游泳過江，但看到那匹被急流沖走的馬，再也不敢嚐試，乖乖的上了竹筏子。等隊員全部渡過江，木師長才把用物與那三匹馬載送過去，看著隊員們把江邊的木屑碎片清理好才和那些殿後隊員過江。半天時間，全體隊員過了薩爾溫江後到達一個擺夷寨休息了三天。這是我們經過的最後一個擺夷寨，也是最後一個寬敞的紮營地。以後進入的寨子全是拉胡、黎索和阿卡族村寨了。建築在山嶺半山腰上的這些高腳屋子側面都會連著一片平竹台，台下那高高的三根柱子就栽在斜坡上，吃飯時我們喜歡把菜飯端到寬寬的平台上吃。有一次正在吃飯時，有一間屋子平台下的兩根柱子因支撐不住這麼多人的重量，突然向著山坡垮下，大家驚叫著隨著那片平台向山腳滾下。還好沒人受傷，只是那頓飯當然沒有吃飽，沒滾下山坡的同學還笑著打趣的問這些摔落的同學們，雲霄飛車玩得過不過癮。有時隊伍駐紮的山寨是黏土而又正好下著雨，那就很辛苦了。有一次準備開飯時，正是這個情況。我們六桌隊員都有輪流派值日生到煮菜飯的地方端菜，因為每隊住的地方都會有一段距離。那天輪到我去端菜，眼看著要去的地方坡陡路又滑，我知道憑著我的能力絕對不能把菜飯好好端回來，就請張儀陪我去。可是尹載福不准，他說這是軍隊的生活，犯什麼在家中時嬌滴滴小姐的脾氣，坡陡路滑自己想辦去克服。結果如我所料，我抬了菜走到半路穩不住腳滑倒，跌了個四腳朝天，我們這桌就沒菜吃了。尹載福處罰我，要我留下不准與他的團隊南下，我當然不服，結果事情鬧大把木師長引來。我沒被處罰，尹載福卻被訓了一頓，讓我心中好爽。自南下以來木師長就對尹載福看不順眼，每天騎在馬背上沒有下來走過，同學生病或受傷了他只會罵而不會下馬讓給同學騎。有一次天漸黑時停下等前哨探路的消息，明正忠發現他的連隊中看不到李玉璋，就向尹載福報告，尹載福立刻要隊員們向後方四周搜查，一面生氣的大罵李玉璋沒骨氣開小差。一面派人向師長報告，教導團隊的吵亂聲驚動了木師長，他聽了報告後立刻傳令後衛去尋找，將近半小時，只見兩位師部隊員摻扶著李玉璋來到隊中，原來李玉璋生了幾天病，向尹載福報告時被罵了一頓說他裝病想騎馬。這天他終於不支暈倒在草叢中，如果師長沒派人去找他必死無疑。因為找到他時他身上爬滿了一種會咬人的螞蟻，這種可怕的螞蟻會把動物的身體吃個精光，尹載福當然又被師長訓了一頓。從此行軍時常見木師長在我們隊中穿梭。尹載福不敢整天騎在馬背上，但是同學們卻也不肯騎他那匹馬以免被罵，木師長就會隨時下馬硬要那些生病受傷或走不動的同學們騎他的馬，尹載福鐵青著臉不敢出聲，也不敢騎上馬，這些騎過師長馬的人當然會被他罵。

雖然經過了好多次夜行軍，夜行軍對我們來說還是很辛苦的事，如果只是從黃昏走到第二天清晨就能休息也還好，如果走了一天一夜到第二天中午才能休息就真的很累了。有一次從清晨走到午夜，周文忠竟然邊走邊睡著了，直到被一截斷了的樹幹絆倒才驚醒，夜行軍不能點亮手電筒，他藉著路邊會發出螢光的草發出的微亮一看，前面根本看不到人影，而後面跟著的人卻撞了上來，他嚇得把偷偷藏在衣袋裡的打火機打亮照看，確實已經迷了路，跟在他後面的七、八個人都不知怎麼辦才好，既不敢大聲呼叫，又不敢四處亂走，商量結果只好坐在地上等天亮。木師長傳令下來要大家休息等前哨探路況時，命令一個接一個傳到譚國民時發現身後沒人跟著他，急著報告給連長王立華。王立華立刻呈報給木師長，木師長就派人往來路尋找，走了十多分鐘看到一條岔路，循著岔路再找過去十多分鐘，才把這群走失的學生找到。大家才放鬆下來，周文忠當然被尹載福狠狠的罵了一頓，借機發洩他心中的悶氣。

在拉胡、黎索、阿卡民族這些村寨紮營，讓我們最苦惱的就是洗澡問題，每次吃過飯就趕著到遙遠的山溪間去洗澡，洗完澡回來天已入黑，從山溪間走回村寨已全身是汗。有一次紮營的寨子離水邊竟然有一整天的路程，木師長又下令休息三天。要吃、用的水就必須一大早出發走一天路用馬匹去馱，第二天黃昏才回來，於是除了派去馱水的同學能順便洗澡外，我們整整三天沒有水可以洗澡。休息的第二天我和賴月秀、楊貴蓮悄悄的向男生要了一碗米準備煮粥，可是沒有鍋子。因為隊中的鍋具是不准私自取用的。我們費了好大功夫才把借住那戶人家的鍋子洗乾淨拿來煮粥，雖無菜餚，我們吃得還是很高興。可是當女主人回來煮飯，看到台上她那口乾淨的鍋子時，滿臉不高興的不准我們以後再用她的鍋子。我們覺得女主人未免太小氣，用一次她的鍋子又不會燒壞。後來我們看她煮好菜飯吃完後就把殘餘都倒入那隻鍋子裡，抬到外面竹台上呼叫狗兒，只見兩隻狗兒就著鍋子吃光鍋內的菜飯，舔乾淨鍋子。女主人把鍋子收了順手就放回屋裡的架台上，第二天她把那口鍋子拿來都不用水沖一沖就倒水煮菜。賴月秀比手畫腳加上幾句擺夷話告訴她這樣不衛生會生病的，她搖著手說不會，不洗鍋子煮的菜才有味道，我們把她的鍋子洗乾淨就把鍋子裡存積的美味都洗掉了，我們聽了真是感到新奇。進入泰國邊境後，隊伍紮營地多數都是傜族的村寨了。傜族是受漢族文化影響很深的山地少數民族之一，他們有姓氏，家中供有祖先牌位，還能說一口流利的漢語，屋子依地而建，除了竹籬茅屋外，多數的房屋是用土混合著稻草建蓋的土牆，土牆屋住起來很舒服，冬暖夏涼，只是光線不及竹籬那麼明亮，較富裕的人家更用木板或石磚來建屋。屋頂甚至用磚瓦或鐵片來蓋。每家屋子前面圍著的院子都種滿花草果樹。沿溪而建的村寨還用打通竹節的竹筒把水引渡到家前，我們不再為洗澡的問題傷腦筋了。感到最高興的還是男生們。傜族女孩長得很美，皮膚白細滑嫩，除了因操勞栽種的那雙手粗糙外，肌膚可說是吹彈可破，把我們這十個容貌普通的女生都給比下來了。而且女孩子們都活潑大方，看到教導團這大批青年學生駐進村寨中高興極了，和男生們有說有笑打成一片，長輩們更喜歡漢家兒郎，對他們和氣極了。

「傜家姑娘又能幹又漂亮，老大爹，如果你把女兒嫁給我，我就留下不走了。」男生們向著這些長輩開起玩笑來。

「大官們如果真的看得上我們傜家這些粗手笨腳的山村姑娘願意留下來，我們最歡喜不過。種田種地活兒不會要你們去做，姑娘們都會去做來供養你們，她們會尊敬你們。而且我們的姑娘們都會生孩子。」老大爹笑嘻嘻的看著這群活潑愛笑鬧的男生們。

「如果你們真的想留下來，那麼最好全部都留下，我們附近村寨的姑娘很多，只有幾個人留下，你們會被我們的姑娘們纏瘋的。」幾個傜家姑娘更大方的接著說。這麼一來男生們更樂了，一個多月枯燥的行軍生活被這群可愛的傜家姑娘消解了，他們彷彿豬八戒跌入盤絲洞中，被一群美女圍得飄入雲霄不知身在何處。

傜族人有一個很特別的風俗，女孩子長大後一定要和男人生下一、兩個孩子來證明她有生育能力，才有男人會娶她，至於這些私生子並不會被看不起，女孩的父母們一定會把這些孩子當自己的子女來撫養。距離村寨不遠比較偏僻處，蓋有幾間高腳屋，專給青年男女們幽會之用。傜族姑娘不但生得美而且勤勞能幹，上山下地，養豬養雞和燒菜做飯的家務，裡裡外外全都一手包辦，她們愉快的工作，愉快的服侍丈夫，一旦結了婚就對丈夫忠貞不變，絕不會亂來。男人們除了去野外打獵外，在家中就製造桌椅家具，修補房屋，編織竹籮等用具，傜族男人真是群會享受歡樂的人。這一來可把尹載福嚇慌了，真擔心他的隊員們被傜族姑娘迷住不肯離開。他下令嚴禁男生們和傜族姑娘們說笑，並要兩連隊的正、副連長嚴格執行命令以防出問題。每次駐紮在傜族村寨，教導團男生們都會受到嚴格管制，不敢隨便和姑娘們談笑。看著師部隊員和傜族姑娘有說有笑，晚上甚至還會和她們出去對歌幽會，浪漫的氣氛充滿在村寨中，教導團員們卻必須一本正經的做其柳下惠。木師長看著這些情況並不出聲，他了解他自己的隊員當然不可能在傜族村寨留下，他們有遠大的理想抱負要去追求，但是年青人享受一下歡樂的氣氛並不為過，尹載福真是顧慮太多，該關心的不去關心。

一個半月的翻山涉水，餐風宿露，教導團六十多名學生在木師長的護送下抵達泰北第一個前國軍滯留下來的眷村回東坡，來到中國人的村寨，景致氣氛和山地民族村寨完全不一樣了，聽著共同的語言，吃著他們醃好的青菜豆腐和受到親切的關懷，彷彿回到了家鄉，遍山一排排種滿茶樹的茶園和果樹，顯露出他們安定的生活，在忙碌的生活裡充滿著溫馨。中國人真了不起，無論生活在世界上任何一個角落，不但能安居樂業還能開創自己的事業。在回東坡村休息了兩天，一行人就向我們最終目的地萬養眷村前進。中午走到一座山嶺休息，因為我們到達泰國不能引起泰政府的注意，所以必須夜行軍穿越泰北第一個城鎮猛芳縣大壩子，大家靠坐在山坡上閉目養神。我看

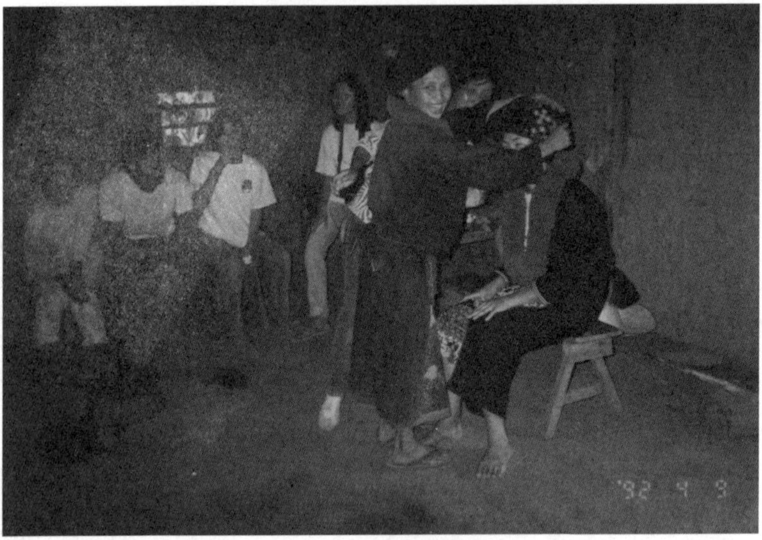

打扮中的傜族女孩。

著一張張因路途辛苦飲食欠佳，和不眠不休翻山越嶺中折騰下的疲倦面容，身上又髒又破的穿著和一個多月沒理的頭髮，再加上那身數十天沒有洗滌過的那套衣褲散發出的怪味，真不知要用什麼詞句來形容我們，不知道如果此時被父母看到會不會認出這就是他們的兒女，支持我們不倒下的大概就是那份崇高的理想吧。我呆望著坐在我對面的周嘉銘出了神。人長得清秀連一說話都會在臉上露出兩個深深酒窩的周嘉銘，他張開眼睛見到看著他發呆的我。平時被女生一看就會臉紅的他這時一反常態回瞪過來。

「看什麼看？我臉上是不是多長出一

美麗的傜族姑娘，其實是女同學們裝扮的。

隻眼睛還是鼻子讓妳看得發呆。」他不耐煩的說。

「如果你現在再把吃飯的那隻破碗拿在手上，走到你家門口，你可知道你的母親見到你會怎樣？」我頑皮的對他眨眨眼睛笑著說。

「我母親一定會抱住我心疼的說，我的孩子你一定累壞了，趕快進家來好好的吃一頓，再好好的休息。」他臉上升起一片柔情，酒窩浮現在微笑的臉上嚮往的說。

「錯！她一定會在你的破碗裡丟入五分錢，打發你走路。」我一本正經的對他說。

「為什麼？」他不解的問。

「因為你母親一定認不出你來，把你當乞丐來打發走。」我更樂不可支的笑起來。

周嘉銘低頭看看身上穿著的這身又髒又破，還發出怪味的衣褲，再看看他身邊的髒背包和一根用來當拐杖的棍子，生氣的站起來走開。

「無論我怎樣髒臭，我媽媽絕對不會認不出我來。」他轉身嘀咕著。他俊秀的臉確實已被骯髒疲倦取代，瘦得連臉上那兩個深深的酒窩都快看不到了。同學們聽了我們的對話，再低頭看看自己，忍不住都笑了。

五點左右，出發命令發佈，我們向著猛芳城大壩子走去，就要到達目的地了。我們的理想抱負也會因我們不畏艱難的努力而實現。隊伍連夜穿越過猛芳壩子，在黎明前最黑暗的時刻進入萬養村。讓我們感到意外的是，村子裡路邊兩旁竟然站滿了提著油燈照明的村民，扶老攜幼的來迎接我們。想不到我們竟會受到如此熱烈的歡迎。

「這樣一大群的俊秀青年，而且全是些知識份子。西盟軍區從來都沒有這麼多的學生加入過，馬司令終於發了一筆人才。他留守在滇、緬邊界這麼多年的辛勞努力終於得到回報。」

「聽說不止這一批，第二批、第三批也會陸續被護送下來受訓，也許還有第四批和第五批人呢。緬甸局勢的變動讓馬司令得到這麼大的收穫，等這些學生被訓練出來有了好表現，任何單位都會對我們西盟軍區另眼相看的。」聽著村民們的評論，我們的興奮是可想而知的。前一天中午，我向周嘉銘打趣的話猶在耳邊，想不到受到的評

恩榮副師長與傜族姑娘們。

山地各少數民族用泥與稻草梗蓋的泥屋，大致上都大同小異。

估卻是意外的高。

「我們是游擊英雄，我們是游擊英雄，有滿腔的熱血是民族的前鋒。我們是游擊英雄……」不知是誰開了頭，大家隨著游擊英雄的歌聲大步邁入萬養村，彷彿是一群百戰榮歸的英雄。

雲南
緬甸
寮國
泰國

第三章

第一梯次集訓與開闢基地

在萬養村後山的傜家族村寨休息下來，教導團半數的團員們都病倒了，經過隨隊軍醫馬光復細心照療下，休息了半個多月後，教導團員們的身體都恢復了健康，木師長就帶領著我們向更遠的山嶺走去。經過一個叫新寨的小寨子後，下午到達帕亮村住下來。原來西盟軍區在泰北根本沒有什麼基地，馬俊國司令在緬甸查封外文學校的機緣下，在短短的兩、三個月中竟然意外的召募到六、七十名大批的知識青年，為了安全起見，也為了牢牢抓住這批學生，他急速的就把我們這批學生護送南下到泰北，先駐留下後再慢慢尋找屬於他的基地。他向一直就交好的三軍軍長李文煥將軍洽商，請他借地養兵，讓這批新兵先安頓下來，也讓自己在找到合適建蓋基地前，可以喘口氣。於是，李將軍就把這個包圍在他重重防守下的騾馬隊營地帕亮村借了出來。看著這個被重重山嶺包圍著只有幾戶人家的小村寨，看著那一排破爛待修的房舍，我們的失望是可想而知的。在我們的心目中認為西盟軍區既然是由台灣中央政府支持直接指揮的單位，在國家支援設立的集訓基地營，應該有最起碼的設備，那所大成學校早該具備其規模等著我們的來到。誰知經過一個半月的翻山越嶺、穿谷渡水，長途跋涉辛苦來到的訓練營，竟然是這樣一個破爛待修的馬廄，大家面面相覷的互相看著不知要說什麼好。第二天木師長集合隊伍訓話，他告訴教導團隊員，這是新兵訓練，先要培訓我們刻苦耐勞的堅毅精神，讓我們以後處在任何困苦的不毛之地，不但能生存，還能承繼革命事業。他派了十多名老幹部協助我們這批稚嫩的新兵上山砍樹、割草、伐木、整地來建蓋這些營舍，於是宿舍、教室、大操場在不到一個月的時間修建出來，並且蓋好了木成武師長的房屋與何奇參謀長和政治部主任羅仕傑處長的房屋。羅處長的屋中還有兩間招待室，留給台灣來的教官訓練長居住。大操場平好，籃球、排球架也豎立起來，每天下午晚飯後的休息時間，練球的男女生球隊，確實把這個死氣沉沉的小村子帶來了生命的活力。有一次正在練球的時候，突然一陣大雨降下，男生們非但沒有停下反而在大雨中嬉鬧起來，帕亮村是黏土地質，下起雨來又黏又滑泥濘不堪，球員們都摔得全身是泥漿黏他們乾脆抓起泥漿互相塗抹打起泥漿戰來。只有明正忠連長雖然免不了被塗了一身的泥漿，但是他那張臉還是乾乾淨淨的，因為誰都不敢把泥漿往他臉上塗。明正忠連長長得很英俊，健壯的體魄與不隨便談笑的個性使他顯得很嚴肅，比團長尹載福更具領導者的氣魄。他球藝很精，籃、排、足球都打得一流，是我們命名為雙十球隊的隊長，黃自強為副隊長，每天下午帶領著我們男女生球隊練球。我們的軍旅生活雖過得不如理想，每天的練球還是增添不少樂趣。第一次集訓開始，清晨六點排隊升旗後接著上兩小時的軍操、刺槍術，早飯後兩節政治課，下午野地戰鬥訓練，晚上開檢討會或由第二連副連長楊廣敏帶領唱些反共愛國歌曲。一個月時光的課程就這樣延續著，除了羅仕傑處長、何奇參謀長、李正營長和朱子龍連長幾個老幹部外，沒有看到台灣來的教育官，也沒有新課程，更別談什麼專業技術，同學們當然是大失所望了。在修建房舍和開始集訓的兩個多月期中，有好幾位臘戍中華中學的同學跟著三軍隊伍來到三軍基地唐窩，他們聽到山下的帕亮村有好多同學在那裡，就來探望我們，大家非常高興的話舊。他們走後不到半個月，李興文、姚永明、黃陞平和徐文龍在一天半夜利用站夜崗的時間，悄悄離開帕亮村營地。第二天天大亮，教導團的起床哨聲沒有響起，自然沒有任何人起床，木師長發覺情況不對，派人來查看才知道出了問題，當下立刻派人追下山去。尹載福、楊國光、王立華和楊廣敏四人都被叫到師部，當天我們的課程照樣上，大家坐在教室裡上課上得全無心緒。中午尹載福他們四人才從師長室出來，尹載福當然的就把怒氣出在隊員身上，罵王立華沒有盡到連長責任，竟然讓他連上的四名正副排長逃走不知情由，罵隊員們沒有警覺心，李興文他們有逃離的意念都察覺不出來。黃昏時分，師部隊員回來了，我們看不到被抓著的人，大家都替他們高興放下心來，我默默祝福他們平安離開部隊後能完成自己的心願理想。

晚點名的時候師長來訓話：「今天你們教導團第二連的四位正副排長開小差，四位中堅幹部逃離部隊的事件讓我感到非常的遺憾。當初既然有志選擇這個艱辛的革命事業，怎能因辛苦和挫折就失去鬥志。他們四人中最狡猾的就是李興文，這件事的發生全由他計劃煽動，其他三人沒有一點自己的主見就任由他牽著鼻子走。我今天抓不到他們，但已在各地布下眼線，就和他們賭賭運氣，能逃脫算他們點子高，抓回來就看我的擺布，比一比看誰的手段厲害。不過，我會網開一面只處罰帶隊的李興文，不會責罰其他三人。經過這件事，我希望你們教導團員凡事慎重考慮多用點大腦，別讓外界的傳言與艱苦的生活搖動你們的意志。今後你們有什麼疑難問題都可以向我報告，我會替你們安排處理，比你們魯莽從事會更好。」木師長軟硬兼施的訓話，聽得大家都噤聲不語，不敢流露出絲毫的不滿。

一天晚自習下課後，我們幾個同學聚在一起聊天，李一飛告訴我們說，李興文他們準備離隊的事他早就知道。就在楊安華、雷和新我們的那幾個同學來帕亮營地探望後。因為李興文的入台證已寄到，還是師長交給他的。他向木師長報告過幾次，不但沒有得到任何能去升學的協助，連讓他離開帕亮村的事情木師長都沒有提起。姚永明和黃陸平想李興文收到入台證都不讓他離開，何況他們兩人。而徐文龍早就不想過這種山居生活，他們商量如何離開的事時被他無意中聽到了，李一飛說他們想離開部隊是他們的事，人各有志，他又何必去討好尹載福和王立華而去打他們的小報告。只是覺得他們在這種人地生疏言語又不通的地方，這樣離開太魯莽從事，冒的風險太大，實在擔心他們的安危。大家正聊著，看到王立華走進教室就不再說話分別離開了。

一個月後，楊星善收到他的入台證，木師長向緬北的馬司令報告後，他很快就被安排到清邁省馬司令胞弟五老爺家去替他辦入台手續。楊星善很興奮，他把他的入台證給我們看，我們也替他高興，臨別時紛紛拿出節省下的錢買了一些日用品送給他，祝福他。禮物雖微薄，但是交到他手中份量卻很重，因為寄託了大家的希望。只要他能成行，我們想要深造培訓的希望就不會落空。一席簡單的送別宴，在大家的祝福聲中他向同學們揮手告別了。教導團員們恢復了嚴格的訓練生活，大家都積極而充滿希望的在學習，不再感到無聊乏味了。可是才只過了短短一個月，當我們正在上課的時候，突然看到楊星善走進營門，大家驚奇得不管正在上課的教官都跑出教室。他這時應該已經到了台灣在某間醫學院中念書，入台證中不是明明寫著只差一個月就到期了，他怎麼沒有去台灣，又回到帕亮村來幹什麼？大家圍著他七嘴八舌的追問情由。他沮喪的告訴大家，他到清邁後五老爺並沒有立刻帶他去有關單位辦手續，只說等到馬司令的命令傳來會帶他去，一直拖延得讓他著急追問時，才把他的入台證件拿去，說先把入台文件送到有關單位，等辦理好再帶他去簽名。每天都叫他去幫他們家送雞蛋。

「清邁省有台灣設立的辦事部門，你難道不會趁著送雞蛋的機會去打聽一下，就這樣呆笨的空等著。」

「我人地生疏，又不會泰語，向誰去打聽？每天接觸到的那些人家都是五老爺認識的，我怎敢問他們，就算問了，他們會敢指點我嗎？有一次碰到徐文龍，本想和他打招呼問問他，那知道他看到我只向我點個頭就溜了，一句話都不跟我說，你們想想看我要向誰去打聽消息。而且入台證在五老爺手上，我身上也只有離開帕亮村時木師長給我的那兩百塊錢而已。想動都動不了。昨天五老爺把入台證還給我說我的入台證已過期，沒有辦法替我辦下去，要我先回隊部來，等他替我把延期的證件辦下來再到清邁去找他，就這樣叫人把我送回來了。」楊星善失望又無奈的說，但是他也許不知道我們也像他一樣的失望。

楊星善回來不到三天，教導團又有人開小差了，那是侯福林、王連城和賴月秀，帶領的人竟然是師部的隊員木茂林。他們四人沿著萬養村的路走，而且還是在大白天，所以很快就被發現追了下去，下午就被抓了回來。侯福林和王連城被關到一個空廢了的豬檻裡，木茂林被關在李正的屋子裡被拷打審問了兩天，從此我們就再也沒有見到過他。賴月秀因為是女生沒有被關，只受到監視，每晚都要到木師長的房舍去由師長對她再加以思想教育。不久侯福林和王連城因木師長念在他們是學生無知，只是初犯被送回團部。這時候木師長對我們說收到萬養村村長的邀請函，邀請他帶著我們教導團球隊和文藝組，參加萬養村舉辦的慶祝雙十節運動大會。木師長要我們加緊練習籃球和準備歌舞，他把訓練的責任交給何奇參謀長負責，大合唱仍由楊廣敏負責。這樣一來就把學生們的注意力分散，不再專注在最近所發生的事件上了。一群入世未深的學生們，雖然生活在不如意的環境裡，趣事還是不斷的發生。一天晚自習，值星官王立華有事剛離開，大家就嬉鬧起來，楊崇文說我們隊裡有十個女生，大家分別選一個去追一追，來消除一下枯燥的生活。王興富說部隊裡有那麼多的老幹部，怎樣數都不會輪到我們。周嘉銘說

格致灣受訓時演講比賽。教導團第二連連長王立華臺上風貌。

這些女生沒一個漂亮，又沒有好身材，沒有什麼可以值得去追，還不如村裡的村姑們。楊崇文笑著回答說，你沒聽過當兵三年，老母豬也勝過貂嬋，男生們笑鬧成一堆。賴月秀聽到他們這樣不禮貌的批評女生，不服氣的站到他們中間說：「你們又強到那裡，還不都是一些矮冬瓜，站起來還沒有我高。」她就拉住周嘉銘跟他比高，大家笑得更厲害了。正在這時，王立華走進教室，看到在笑鬧中的一堆人，生氣的吹起哨子，讓在笑鬧中的人群安靜下來。

「你們太不守規矩了，自習不好好上課，這樣吵成一堆像什麼話。還有賴月秀妳一個女生和男生比什麼高，要知道男女授受不親。」口吃的他，說話一急起來更是結結巴巴的，最後一句男女授受不親的話才一出口，本來已經安靜的人群又暴出一陣笑聲，於是他就有了老夫子的綽號。楊廣敏說話又長又囉嗦，我們就叫他裹腳布，意思是老太婆裹小腳的布又臭又長。愛自稱英雄的黃自強有一次不肯接受羅仕傑處長的處罰鬧到師部，就被我們叫做狗熊。我們這群學生把在學校的樂趣全都帶到部隊來。我們排了一幕名叫《大巴山之戀》的戲劇，故事內容是講一位愛國青年為了國仇家恨加入革命陣營，不得不與他的愛人分離的故事。有英勇的戰爭、有母子的親情，也有一份纏綿的愛情，故事情節很好。分配角色時，男主角是英俊的明正忠，女主角是全身散發著女人味的賴月秀，利用晚自習的時間來排練。一星期下來，我除了看排練中的戲外，也大看戲外的戲。排練到男女主角要分離的那段纏綿鏡頭時，女主角滿懷傷感的投入男主角的懷抱中，我們這位正直不會應變的連長明正忠卻被嚇得倒退幾步。扮演男主角妹妹的我忍不住在一旁笑彎了腰，我笑著對他說女主角都投懷送抱了，你是樹椿頭不會抱回去喔。他被我笑得紅了臉，後來的排練中他雖然抱了女主角，卻是那麼的生硬僵直。賴月秀說我抱的就是一根樹椿頭，於是樹椿頭就成了他的外號。然後現實中的戲上演了，晚上熄

遊藝會後與教導團團長尹載福（左後），副團長楊國光（右後），小朋友為馬副司令養女，左二為作者。

燈號前的教室裡，上演著女生向明正忠告白的戲，而且還不止一人。第二天晚上排練完戲晚點名後，我悄悄約了賴月秀到黑暗的教室後面看更精彩的戲，我們都會心的不敢出聲靜靜觀看。帕亮營的集訓開始後，我發現副團長楊國光非常安靜沉默，隊上發生的三件事情都在影響著他的心情，但他卻仍然壓制著心情安慰同學們，除了每天的課程就是陪著女生球隊打籃球、排球，從來不到講台上或在隊上講話，沒事時就躺在他的房間裡睡覺，我們憐惜的稱他睡貓。至於一進部隊就與我不對頭的尹載福，開始時不斷在找我的碴，小事情我忍耐著不理他，大事情不能忍耐時就報告到木師長處。因為木師長很明顯的在袒護女生，恨得他牙癢癢的把我無可奈何。其實木師長對尹載福的所行所為很清楚明瞭，只是不動聲色而已。從駐進帕亮村後，修屋平地的工作他從來沒有參加過，集訓開始的第一天參加了一天的課程外，每天他都是在學員們上完基本軍操後才起床，由勤務兵明增富服侍他梳洗完後和團員們一起早餐，他只要接受值星隊長對他的敬禮就好。餐後的政治課要看他心血來潮時才參加，下午的野外訓練更沒有他的影子。他最喜歡的時間是晚自習，可以在講台上滔滔不絕的長篇闊論的對大家紙上談兵，不必理會大家是否願意聽，反正大家都必須坐到下課時間。一天清晨上軍操課時，意外的木師長竟然親自來帶隊。清點人數後值星官隊長楊廣敏向他報告人數到齊。

「人數到齊了？你們的團長呢？一個團隊裡帶隊的團長都沒有到，怎麼可以說人數到齊。楊崇文，去把團長請出來。」尹載福被請出來了，師長不動聲色的帶隊上操，兩小時的軍操上完後，他向大家訓話。

「這次在帕亮村的基本訓練是第一梯次的訓練，雖然你們在緬北帕當村也上過兩個月的基本操練，並不代表你們的學習已結束。每一個參軍的官兵都必須要隨時接受基本訓練，以培養高昂的戰鬥意志，尤其是你們初入伍的新兵。尹團長，你雖然是高級幹部，卻也是新進人員，並非因戰功而升任團長的，怎能不參加每次的集訓。想要保住你團長的官位，就要看你怎樣持守。一個領導人不能只以威嚴來帶隊，而是要能與弟兄們同甘共苦，以身作則，才能把隊伍帶好。你再這樣下去，隊員們都要求調離團隊，我看你這個團長怎樣當下去。」兩個小時的操練已讓平時不參加軍操的尹載福疲憊不堪，現在又被木師長當著隊伍毫不留情面的教訓，一肚子的怨氣憋著不敢出聲，我們雖然感到好爽快但是也不敢表露出來，以免他把氣出在我們身上。

自從教導團南下泰北開始，團隊的菜就由女生輪流負責煮，到帕亮營地集訓後也不例外。雖然團部派有炊事兵，但是大家都嫌他們不乾淨，煮的菜又難以入口，就跟我們女生商量還是請我們煮。我們女生也樂意負擔，因為輪到煮菜的那天，不必早起參加點名上課，還可以趁煮菜之便弄些自己的私房菜，存下來慢慢吃。一天只需兩個多小時的煮菜時間，以後一整天的時間就是自己的，真像是休假一天。開始負責煮菜時我很頭痛，因為在家裡我是不下廚的，根本不會煮菜飯，尤其是用木柴生火。每次輪到我下廚，我就拜託炊事兵，煮好飯後不要把柴火撤去，不然我就沒有火可以煮菜了。我常被炊事兵嘲笑這麼大的女人連柴火都不會生，將來怎麼能找到婆家。我不但不敢得罪他們任由他門嘲笑，偶爾還會把我的餅乾糖果送一些給他們，以免被他們刁難，把煮好飯後的柴火撤去我就真的束手無策了。還好吃的菜很簡單，天天都拿村民們用來給豬吃的南瓜和冬瓜做菜餚，炒上一盤花生就行了。因為我們的伙食費少得可憐，每人每月只有二十五塊錢而已，隊上辦伙食的王興和也只能在村中買些便宜的瓜、菜等來給大家吃。幾位連長商量呈報師長後，向村民們借到一塊山坡地，利用每天下課的時間去翻墾栽種了瓜、豆、蘿蔔與各種蔬菜來添補伙食上的不足，我們才能吃到南瓜、冬瓜以外的菜餚。星期六不上晚自習，我們把每星期存積下洗淨曬乾的南瓜子，炒香了當零食，也會分給喜歡吃零食的男生。雙十國慶節到了，師長並沒有帶我們去萬養村參加慶祝大會，排練好的表演節目只在營地中自己慶祝，開了小小的一個遊藝會而已。十一月初在帕亮營地裡，部隊裡舉辦了第一對新人的婚禮，陳昌鳳嫁給了年長她二十多歲的羅仕傑處長。在山居長大的陳昌鳳本來就沒有升學創業的抱負，離家進部隊時，和段藻蘭、尹培蘭三人開始投入的是擺夷自衛隊布萊伍的隊伍，後來西盟軍區來了三位女生，布萊伍徵得她們的同意，把她們三人送到西盟軍區來。南下泰國時有感於羅處長一路上的細心呵護照顧，培養出感情，經過申請呈報馬司令後，就在營地舉辦了一場簡單的婚禮。陳昌鳳確實選對了對像，羅處長雖然比她年長二十多歲，但對她千依百順，雖然不是很富有卻讓她過著隨心所欲的安樂日子。隊中少了一個女生，我們卻多了一個去處，星期六、日不上課的時間，我們會跑到他們的住屋去玩樂聊天，陳昌鳳也會弄些小點心來讓我們一飽口福。增加了這筆在我們身上的意外花費，不知羅處長會不會感到吃不消。

冬天來了，帕亮村的冬天很冷。我們身上的保暖衣物根本不夠，尤其是晚上，常常被冷醒無法再睡下去。老隊員就教男生們到山上去割了稻草梗，用來編成墊子墊在床上來保溫，我們女生們也幸運的得到一個。半年的時間就這樣過去，一天晚上點名時，師長向我們宣布，已洽商到一塊建蓋西盟軍區營

羅仕傑處長和陳昌鳳與來帕亮村探望他們的馬文弼合照於後山。

地的基地，就在萬養村後山，離馬鞍山約半小時路程的山嶺上：格致灣。開闢基地的這個任務交由翟恩榮副師長與他的隊員帶領，等格致灣基地開闢出來，我們就可以接受大家期盼中的專業技術訓練，這時必會有台灣派來的教育長和教官來，會達到我們進入部隊的目的。他因為接到馬司令要帶著第二批學生隊員南下的消息，要北上去接應。消息公布的第二天我們開始忙碌起來，收拾行李很簡單，大家本來就沒有什麼東西，最重要的是收割栽種下的菜蔬。在這方面女生隊長尹雲芳確實發揮了她的才幹，她指揮著收割蔬菜的同學們，把青菜蘿蔔切好醃起來，放在打通竹節的竹筒

帕亮村第一對新人的婚禮。羅仕傑處長與陳昌鳳攝於處長居室前。伴郎陳啟佑臺長、伴娘范群珍。

裡，茄子豆莢等收放到袋子裡讓馬匹馱運，只兩天功夫就已打點好。我們都捨不得丟下替我們保暖了一個冬天的稻草墊子，雖然帶起來麻煩，還是讓它陪我們再度過一個寒冷的冬季吧。羅處長和何奇兩家帶著家眷搬到萬養村去，等木師長帶隊北上後的第三天，我們也離開了帕亮村。走了四個多小時，翻越了幾座山嶺，下午我們到達格致灣。那是一片樹木參天，野草高過人頭的原始山嶺，沒水沒路，這就是西盟軍區將要培訓專門人才的基地。但是在沒有被培訓成專門人才之前，我們必須要先練出盤古開天地的本領和毅力，必須和生存做長期的奮鬥。紮營命令傳達下來，教導團員們找了一片比較平的樹林邊把背包放下，男生們在連長的指揮中砍了一些樹枝用樹葉搭蓋了幾個簡單的棚子休息下來。吃過帶來的便當，我們根本沒有心情和氣力去探查這片森林，休息吧，明天還有一大串的工作需要耗費體力。第二天一早，男生們幫忙搬來幾塊大石搭成架子生火煮飯。早餐後翟副師長就安排他的幾個老隊員，帶著教導團員分組去割草、砍樹伐木，平地基做建蓋基地的準備。我們女生就去找水源，用男生們替我們砍下打通竹節的竹筒，挑水上山，撿拾枯枝做柴火，負責團員們的民生問題。真是托了尹雲芳的先見之明存下的菜蔬，不然我們就真的沒有菜可以吃了。這時我們隊上辦伙食的人換了劉山雲，他和我們女生相處得更融洽，帶著我們在山林裡四處找野菜，於是樹上的白露花、芭蕉花、芭蕉樹心、竹筍、木耳和溪邊的蕨菜都成了我們盤中的食物。常隨著劉山雲遍山的跑，讓我們枯燥的生活也增添了一些樂趣。

在老隊員的帶領下，茅草怎樣蓋成屋頂，怎樣把竹子剖開來圍成牆壁，那些樹木才可以用來做為屋脊樑柱，地要平成怎樣後才能建蓋房屋。和這些工作比起來，在帕亮村修建房屋只是小兒科而已。在老隊員的指導下，在學員們一雙雙由柔嫩而變成粗糙起了老繭的雙手上，在這些簡陋原始的砍刀、鐮刀、斧頭、鋤頭和自製平地的工具中，一個四合院的幾間房屋出現，兩間男生宿舍、一間女生宿舍，團長起居辦公室，一間教室和廚房建蓋起來了，營地輪廓成形。用竹子做成的桌、椅、床搭好後，我們有了房屋可住，不必再露宿在草棚裡了。把溪水用打通竹節的竹子引渡到廚房後，我們就有水可用，煮飯菜就不用自己再到溪邊去挑水，當然洗衣服和洗澡除外。蓋在山嶺上的教導團營地位置很好，可以從高處觀望，四周景物全都一覽無遺。搬入房舍早點名後，男生分配出去工作，女生們除了準備一日兩餐外，也會替男生們縫補破了的衣褲。自從我們來到泰北發到兩套軍服外，並沒有別的衣褲可以替換。由於布質粗劣不耐穿，而生活都在受訓

開闢格致灣基地時在野地上煮飯菜。左一楊貴蓮、賴月秀、周秀雲。

雖然住在草棚裹，仍然自得其樂。

和工作中，兩套軍服早就被磨破，必須在臀、膝蓋和手肘部位加打補丁，女生只有我一人的衣褲要像男生們一樣打補丁。看著別的女生衣褲都還完好，我卻因為太好動必須像男生一樣打補丁的模樣，就被男生笑我太離譜，沒有一個女生像我這樣，看著自己的模樣也只能任他們取笑了。教導團營房蓋好後，接著在山嶺下那一片比較平的林地砍樹開挖，準備開闢一片能容上千人上操的大操場。工程進行到一半，接到命令說馬司令在木師長的護送下，已帶著第二批學生隊進入泰國國境。翟副師長下令要教導團員全體退出平地的工作，用一個星期的時間準備練籃球和歌舞的表演。於是我們又忙碌起來，練習籃球、排練歌舞戲劇和準備所需要的道具，《大巴山之戀》這幕戲劇自然被搬上舞台。一星期後我們奉命一早就下山到萬養村，團隊被安排在村子郊外的田地上，自搭了幾個簡單的草棚住下來，下午馬司令帶著第二批學生來與教導團員會合。第二批學生的人數不多，女生十五名、男生二十二名，而且素質也比教導團隊隊員差很多。隊長是楊雲善，明增壽卻不見蹤影。在明增壽死黨們的追問下，才知道明增壽已離開馬部返家。原因眾說紛紜，有的說因為他的精神出了問題，馬司令准假讓他回家就醫；有的說他對馬司令帶領學生們的方式非常不認同，責備馬司令沒有做到當初答應的承諾，和馬司令起了爭

到萬養村接第二批同學時住在村郊臨時搭蓋的草棚中。

吃飯時尹載福團長來與我們談話。左一為尹載福，正面女生為作者。

部分教導團男生攝於草棚前。

馬俊國司令到村郊草棚前與第一、二批全體女生合照，前排為幾位男生幹部。

執，馬司令怕他會動搖學生們的心志而把他遣走，說法雖然不一，但確定的是他離開了部隊，離開了在他邀約下與他一起共創事業的朋友們，大家不禁惆悵不已。

當天晚上，第二批學生們都搬到村外的棚子裡與我們同住。第二天早上球賽開始，除了我們第一、二批學生隊的球員外，還有萬養村和合肥村的球隊參加。女生只有我們一隊，只做了一場開場的暖身賽。晚上的遊藝節目就比較豐富，前後兩批學生隊都準備著歌舞節目，我們《大巴山之戀》的戲劇和大合唱更為出色。三天表演結束後，我們全體二十四名女生和有興趣學習醫務知識的十多名男生留在萬養村。因為有一位自台灣派遣到泰北各眷村巡視行醫的外科醫生章醫生，當他來到萬養村時剛好碰上我們最後一天的表演。看了這些精采的演出，讓他非常感動，探訪了十幾個眷村中，還沒有見到過眷村裡有這麼大批優秀的知識青年，一批延續中華民族的生力軍。他拜訪馬司令後就答應馬司令的請求，指導我們這些願意學習醫療衛生常識的學生，學習一些基本的醫療常識。我們離開郊外草棚搬到馬司令隊部的招待所，每天早餐後到村長為我們準備好的一間教室，學習章醫生為我們準備的課程，聽他風趣的講解。下課後分派人員跟他到門診做一些護理工作，晚上再到學校去照顧他為村民們開辦的基本衛生常識講解。看他在簡陋的手術房中為病人開刀動手術，醫術的高超真令人佩服。有時也會隨著他到村內外探訪他開刀後的病人。當時泰國氣候已是仲夏，為了集中學生們因氣候分散的注意力，上課時他會講一些他經歷過的趣事和笑話，來調解上課的氣氛，請我們吃冷飲甜品。這半個月是我進入部隊中最舒服快樂的日子，不用工作，不用煮我最不喜歡做的菜，每天和慈祥幽默的章醫生在一起，學習這些適用的學識。快樂的日子總是過得很快，半個月的學習日子結束，章醫生啟程到別的村寨繼續他未完成的任務，我們依依不捨的向他告別。

三天運動會結束，萬養村會長請吃飯，我們終於有飯桌可坐。

馬光復醫官與部分女生合照。 前排左一起：李惠琴、李煥娣、陳秀美、楊菊珍。後排左一起：范群珍、陳昌鳳、楊太芬、余金鳳。

回到格致灣，我們女生又少了一個，周秀雲隨著來接她的父親離開部隊。馬司令原本不准，他慫恿翟副師長向周伯伯求親，但是在周伯伯堅持家中不能缺少女兒來辦理家務的情況下，只好讓周秀雲離開了。回到基地後，我們女生被調離教導團，改編為由司令部管轄的直屬隊，隊長是楊雲善，但是仍住在教導團營區裡。先後兩批學員聚在一起人數已上百，一時之間教導團隊部熱鬧非凡，男女生就各自選擇自己看對眼的對象交往起來。一直強調在部隊中不談戀愛的尹載福竟然看中張貴秀和她交往起來，老夫子

女生們去學醫務課，男生們為萬養村修橋補路，右第一人是黃元龍。

王立華的對象是李惠琴，大家都笑王立華不知撞到那根筋突然開竅，也交女朋友來了。兩個領導隊長開了先例，下面的隊員當然更加熱烈。三、四百人的隊伍房舍自然不夠住，但是建屋平地已不再是教導團的事了。我們從萬養村學習醫務歸來，以教導團山嶺為中心的四周圍，都已建蓋了好多房舍。那片寬廣的大操場也已完成，在大操場上還蓋了一座司令台和一間可容納幾百人的大禮堂。西盟軍區基地已出現了營區的規模，有人、有地的一個寬廣軍營，這時候的西盟軍區是最興盛的時期。大操場上規劃了兩個籃球場，每當有節慶或有外賓來訪，司令台就成了舞台，參加表演的演員們，在舞台上發揮著所有的才藝，球員們發揮著精練的球藝。不久，第二梯次的集訓將開始，馬司令要教導團隊員填寫志願表，報名參加通訊、譯電報、醫務等課程，其餘的分派到士官隊、學兵隊做訓練班長，調到司令部、師部與各處室，學習處理文書的工作。在這編排整頓的熱潮中，教導團又發生了一件意外的事。一個星期日下午歸隊的時間，卻看不到輪值的值星官明正忠歸隊。黃自強副連長移交不了值星的班，就向尹載福報告。明正忠、楊廣敏和明增富都是回教徒，一直都是在師部吃飯。尹載福叫人找楊廣敏來問他明正忠的消息，楊廣敏說這天早飯後，他與師部的兩名隊員上山打獵去了，晚餐時也沒有看到他回來。尹載福就派人到師部去查問明正忠的消息，看到那兩名和明正忠一起去打獵的隊員已經回來了。木師長把這兩名部下叫來，問他們為什麼明正忠連長沒有和他們一起回來。他們說上山後他們就分道追捕獵物，約好在四點鐘不論是否打到獵物，都回到原地會合。可是分開後他們因為進入山林太深，等他們分別回到會合點時，已快四點半了。在那兒等了明連長十多分鐘，沒有看到他，以為他看時間已過不等他們先回營地，他們也就不再等他而回來了。如果不是尹團長派人來查問，還以為他已回教導團去了。木師長生氣的罵他的兩名部下，明知明連長對山林生活不熟練，又不常上山打獵，怎麼可以和他分開讓他自己單獨走，現在人弄丟了他們還有理由分辯。

「報告師長，我原本和明連長走在一起的，但是在叢林中和明連長因轉了幾個方向而分散了，我找不到他，心裡想著既然在叢林中找不到他，時間到了他一定會回到約好的地點等我們。等我碰到龔老四回到約定點不見明連長到來，以為他已先回營地了。」拉胡民族的李文光用不很流利的漢語向師長報告。

木師長聽了更為生氣，罵兩名部下約了一起出去打獵，分散了人沒找到竟敢先回來。他立刻派了他的幾名隊員和教導團十多名團員，跟著那兩名打獵的人帶了手電筒連夜搜山找人去了。我們留在宿舍的人都擔心的在等待，誰都沒辦法入睡，期盼著迷路的明正忠能被大家找到平安歸來。直到深夜一點多，聽到吵嚷的人聲，大家湧出宿舍，在燈光的照射下，只見男生們一張張疲倦的臉裡面並沒有明正忠，我們焦急的追問。王立華說沒有找到，天黑山嶺沒有路很危險，帶隊搜索的人擔心再出意外就下令歸隊，等明天天亮再去找。第二天一大早，師部隊員和教導團全體隊員都出動，再去仔細的搜索尋找。我們女生等在團部擔心焦急的連飯都吃不下，空氣中凝結著焦慮和愁雲。快到中午看到兩名男生出現，我們圍上前去問，侯福林紅著眼睛說，人找到了可是只是屍體，血肉模糊的卡在一個懸崖的山溝中抬不上來，報告給馬司令後叫他來通知女生們，大家到懸崖的山丘上去看明正忠最後一眼，為他追悼送別。我們傷痛的流下眼淚，有幾個更是失聲痛哭。我們默默的隨著馬司令向出事點的山嶺穿越著，這片山嶺確實非常險惡，兩邊陡直的崖壁全無路徑可以攀爬，這並不是一個打獵的好地方，打獵怎麼會打到這麼危險的地段來了，我們心中不禁起了疑惑。到達懸崖下的山丘上，只見一堆黃土，明正忠在我們到達之前已被埋葬。馬司令帶著教導團員圍在墳前傷心的掉眼淚，他擦乾眼淚對我們說：

「發生了這件打獵跌落懸崖的悲慘意外，我和你們一樣傷心難過。你們痛失一位好朋友，我也痛失一位好人才。很惋惜他壯志未酬，沒有能大展才幹就此逝世，實在讓他難以瞑目。但是意外的發生，我們也無能為力。只是未能讓你們與他見上一面就埋葬了他，是有些不對。史連長，這究竟是怎麼一回事？」

「報告長官。師長說明連長死狀太慘，讓學生們看到只有徒增悲傷，還是早點安葬比較好。所以教士伍索那處長來到後，替明連長唸誦好安葬經文就叫我們埋葬了。」史連長向馬司令報告。

「人既然已經死了，早點入土安葬了也好，師長的顧慮是對的。這種淒慘的情形讓大家看了都難過，只有增加悲痛而已，大家就記住他好的一面吧。」

那處長帶領著大家在墳前念誦了《可蘭經》祈禱追悼後，繞著墳墓走了一圈，馬司令就叫大家回營地了。等馬司令、木師長他們走後，王連城、侯福林和我們一面走，一面指著對面懸崖半山的山溝告訴我們：

「明正忠就是從那個懸崖跌下被夾在山溝中，死的形狀好慘。我們費了好大的功夫爬到懸崖山溝邊去查看，只見腦殼粉碎，連腦子都不見了，但奇怪的是在山溝邊卻看不到一點濺出的腦漿和血漬。大家疑心重重，好不容易把他的屍身移到這片山丘上，想請馬司令看看這些疑點。史連長請才來到的那處長立刻替屍體念了經文就埋葬，我們跟他力爭等馬司令來到後才埋葬。史連長不理會，說師長已經下令，只等那處長來到念了安葬經就可以埋葬，回教徒的屍身不能在空地停留太久，他們馬上就挖土埋葬了。你們不覺得很奇怪嗎？這當中是否大有問題存在，才這樣處理。」

回到營地後大家圍在一起悄聲討論，幾個從當陽城一起同來的男生說，他們和明正忠相處了這麼多年，很了解他小心謹慎的個性，要去打獵絕不可能不會邀約教導團的友人，而單獨和師部的老隊員一起去。看他屍體掉落的地點和死亡的情形，並不像是跌下山崖死的，反而像是先被打碎腦殼而棄屍在那裡的。有些同學說可能是因為那幕《大巴山之戀》的戲劇演得太過逼真引來嫉妒，有些說因為他去跟馬司令談判，請馬司令遵守對學生們的承諾，不要讓他有愧對他連絡進部隊來的同學們而招惹的禍。疑點雖然重重，猜測歸猜測，真正的原因到底是什麼我們也不知道，但誰敢去追究真相招惹禍端，就當是一件打獵發生的意外吧。只是一條年輕的生命就這樣消失，我們在現場的人連他最後一面也見不到，何況他的父母親人。事情會演變成這樣我們從來沒有想到過，只留下這些難以抹去的事實讓我們去追念他「壯志未酬身先死，一坯黃土埋芳魂。」也讓這堆黃土一起埋葬他離奇的死因吧。

與一新中學學生們遊帕亮村，攝於後山。

作者與學生攝於帕亮村旁當年建於右角受訓的宿舍。已經拆除。再也找不到當年舊貌。

雲南
緬甸
寮國
泰國

第四章
格致灣基地風雲

格致灣基地的氣候非常寒冷，冬季比帕亮村冷多了。被砍伐開闢建屋後的山嶺風特別大，尤其是冬夜的風。晚上我們女生想從宿舍到蓋在半山坡下的茅房上廁所，必須要邀約同伴，大家互相牽拉著才不會被山風吹倒。冬季到來，馬司令雖然加發了一件比較厚的衛生衣和一條毛毯，但是因為品質粗劣，保暖的功能不大，保暖的衣物還是不夠。我們只好兩人一起睡，合蓋毛毯來度過寒冷的冬夜，我慶幸沒有把在帕亮村時編的那個稻草墊子丟掉，不然睡覺時會感到更冷。第二梯次集訓開始，我報名參加了通訊隊，教導團員參加通訊隊的男生有十四名，女生十二名。其餘的女生分為醫務隊和處理雜務的直屬隊，因為各自有不同的智能才幹和喜愛，不得不這樣分。我們全體都搬到建蓋在大禮堂後面的通訊隊部。基地所有建蓋的隊部房子，都是四合院型的，大概是為了方便管理照顧吧。我們通訊隊有四間房子，男、女生宿舍，隊長室和教室，廚房連在教室旁。教室是建蓋成為兩面是全部、兩面是半截的竹牆房子，房子後面就是一片陡坡的懸崖，坐在教室裡望著對山的崖壁，使我常感到毛骨悚然。全部女生都搬進通訊隊，所以通訊隊分為五個分隊，由趙家興、賈生龍、尹雲芳、段藻蘭四位為通訊隊分隊長，醫務隊和直屬隊的女生由瞿美生帶領，但是全體通訊隊，則是由從唐窩調派來的訓導長陳啟佑台長帶領。陳啟佑台長原本是總部調派在唐窩的工作人員，現在被請調到格致灣基地來培訓通訊人員。陳啟佑台長人很隨和，比我們只年長了六、七歲，課餘後常和我們笑鬧打成一片。他領的是總部的薪資，自然比其他幾隊隊長的薪資高很多，他看到隊中伙食開得差，常把他的薪資添補在我們的伙食上，所以我們通訊隊的伙食開得很好，下課後與大家笑鬧在一起時，他常開玩笑的說他的薪水都添補了給我們，害得他窮了。其餘的教導團員除了正、副兩位團長和兩、三個隊員外，都被調到別的隊部、司令部、師部和各處長、參謀長處學習處理文書或做訓練班長的。一時之間教導團部人員全被分散而空，張儀在集訓初就被他在三軍做師長的大哥接走，我也失去一位可以傾談心事的好朋友。

集訓期中，除了每天清晨六時全體隊員在大操場上升旗後做一小時的晨操，其餘的時間就各自分隊上課。中午所有隊員又集合在大禮堂由十多名參謀、處長等官員，分別來上政治課、古文等，對少數民族多識字又少的學兵隊自然例外。馬司令鼓勵全體隊員參加各種課餘活動，各隊都組織了籃球隊，訓練隊長是黃自強和楊廣敏。並時常舉辦籃球、桌球、演講、美術、文章等比賽，甚至在將台旁邊豎立了一片看板，由分派到各隊的教導團員徵稿出壁報。生活是點綴得很充實，但是由台灣派來的特訓人員卻始終不見。如果有貴賓或者區部派的人員來訪問，必以球賽和歌舞表演來接待，我們通訊隊和一些教導團員又成了文藝組趕著排練節目。自從我們在萬養村舉辦了三天的康樂活動後，我們的康樂隊不時接到各村寨的邀請去參加球賽和歌舞表演，男女雙十球隊常常捧了獎杯獎牌回來，馬俊國司令這時應該很愉快的享受我們這批學生帶給他的榮耀吧。有一次應邀到唐窩山去參加球賽，唐窩山也邀請了合肥村和萬養村的球隊。唐窩山球隊的球員是從各村、寨請來的好手組合，陣容很強的，白天四隊人馬作循環賽。女生因為沒有對手，只象徵的自己打了場熱身賽，晚上就表演歌舞。第二天的冠軍爭奪賽時，突然看到龔衛生來找我，他說他父親龔師長聽到西盟軍區來參加歌舞表演的女生中，有一位是他未曾見過面的女婿的妹妹，因此要兒子來找我與他見一面。哥哥結婚的消息母親有寫信告訴我，在臘戌時我也認識龔衛生姐弟。龔師長既然叫他來找我，我只好向帶隊的木師長請假，並約了賴月秀和楊貴蓮陪我到三軍的師部去。到了師部，只見幾位官員正在談話議事，龔衛生沒有介紹我誰是他的父親，只是靜靜的站在我身邊，我尷尬的站在那裡等那幾位官員的談話結束後，團團轉的向所有在座的軍官們敬了軍禮，等其中一位開口向我問話時才知道他是誰。龔師長很親切的跟我聊了一會，拿給我兩百塊錢和一條項鍊，他

先總統蔣公冥誕，至萬養村球賽，最後一日爭奪冠軍賽。右一排為教導團男生雙十球隊。

大操場上籃球比賽中的女生球隊。

桌球比賽。

與友隊比賽羽毛球，左一陳啟佑，旁為黃元龍。

203 部女子籃球隊員合影。

203 部女子籃球隊員合影。

雙十球隊 女球員隊。

1968 年 317 紀念日晚會，女同仁表演筷子舞。

常小秋 1968 年 4 月在格致灣基地晚會上，高歌一曲，十分動聽。

1968 年 317 紀念日，203 部陳美星在晚會上舞蹈表演，極具現代舞動感。

1968 年 317 紀念日，區部女同仁古裝舞，宛若仙女下凡。

203 部女英雄春節藝文演唱高山青。

203 部女英雌於格致灣表演「春之歌」。

說只是一份見面禮，雖然微薄卻代表他的一點心意。我不知道該不該收下，看著站在一旁的龔衛生，龔衛生點頭要我收下，我只好收下謝謝龔師長。他又對我說我們既然已是親戚，以後我有什麼問題和需要可以去找他，他會盡量幫助我。我意外的得到這份厚禮，真是非常的高興。我們雙十球隊的球賽遇到勁敵只打成了平手，沒有得到冠軍。但是也捧了獎牌回來，不過這次的外交活動卻很圓滿的結束。我們外出參加的康樂活動中，最熱鬧的一次是先總統蔣公百齡冥誕，在萬養村舉辦了一次盛大的慶祝會，各村寨來參加比賽的球隊有十幾隊，女生也有四隊，前後熱鬧了一個星期的時間。晚上的歌舞表演也有兩所學校參加，這是我在部隊中參加的最熱鬧一次，也是最後一次外出的球賽和歌舞表演了。每逢有球賽和歌舞的表演，明正忠優秀出眾的身影常出現在我的腦海中，可是那幕《大巴山之戀》的戲劇再也沒有演出過。

格致灣基地所有的單位中，最熱鬧的當然是有女生的通訊隊，各隊隊員自認有一親芳澤資格的人，不停的到通訊隊來穿梭，尤其是已被調到各單位的教導團員，常在課餘後來找同學們聊天。馬司令並不反對男女隊員談戀愛，更鼓勵那些處長級未婚的老幹部追求隊中的女生。基地的熱鬧自然引來幾家山下的眷屬上山來做生意，賣一些小吃和日說只是一份見面禮，雖然微薄卻代表他的一點心意。我不知道該不該收下，看著站在一旁的龔衛生，龔衛生點頭要我收下，我只好收下謝謝龔師長。他又對我說我們既然已是親戚，以後我有什麼問題和需要可以去找他，他會盡量幫助我。我意外的得到這份厚禮，真是非常的高興。我們雙十球隊的球賽遇到勁敵只打成了平手，沒有得到冠軍。但是也捧了獎牌回來，不過這次的外交活動卻很圓滿的結束。我們外出參加的康樂活動中，最熱鬧的一次是先總統蔣公百齡冥誕，在萬養村舉辦了一次盛大的慶祝會，各村寨來參加比賽的球隊有十幾隊，女生也有四隊，前後熱鬧了一個星期的時間。晚上的歌舞表演也有兩所學校參加，這是我在部隊中參加的最熱鬧一次，也是最後一次外出的球賽和歌舞表演了。每逢有球賽和歌舞的表演，明正忠優秀出眾的身影常出現在我的腦海中，可是那幕《大巴山之戀》的戲劇再也沒有演出過。

格致灣基地所有的單位中，最熱鬧的當然是有女生的通訊隊，各隊隊員自認有一親芳澤資格的人，不停的到通訊隊來穿梭，尤其是已被調到各單位的教導團員，常在課餘後來找同學們聊天。馬司令並不反對男女隊員談戀愛，更鼓勵那些處長級未婚的老幹部追求隊中的女生。基地的熱鬧自然引來幾家山下的眷屬上山來做生意，賣一些小吃和日

馬俊國司令，馬季思副司令與第二批部分男女生合照於格致灣。

用品。原本在開建基地前，山嶺附近只有兩家三軍眷屬在養牛、釀酒，現在已增加到六、七家之多。除了這些來做生意的眷屬外，也引來附近不少願嫁漢家郎的傜族姑娘和賣春的妓女。每逢發餉時，來到山下不遠處蓋著地棚的妓女更多，使這些單純男生的生活掀起一片色彩的浪濤。

「參加了游擊隊，要去突擊大陸是遲早的事，別被打死了還是個童子身，連女人都沒有碰過，那才不值得。」這是有一次我在男生們的嬉鬧裡無意中聽到的話。由於這種心理作祟，單純的男生沉入肉體的慾海裡。直到一篇描寫妓女賣春的文章刊登在壁報上，這些色彩的波濤才暴露出來。我們女生們都在擔心著自己的追求者，愛在我們的心中不再單純，柏拉圖式的精神戀愛消失在我們成長的歲月中。

集訓開始時基地來了一位長官，馬司令介紹他是軍區的副司令馬季思，另一位謝副司令已申請退休離開了。馬副司令與馬俊國司令是陸軍官校的同學，大家一直都同在部隊中服務，直到馬司令又回到緬甸發展隊伍時他才離開，現在定居於密賽市做生意，難得他願意到基地來為馬俊國司令分擔事務。馬副司令到基地後，在通訊隊左下方通往溪邊的水源處，蓋了幾間房子為住所，身邊有兩位助手幫忙。每逢馬司令下山不在基地時，就由他輔助照顧。馬副司令對我們女生很照顧，星期天假日常邀約我們到他的居所，弄些好東西請我們去吃，也會邀約處長級官員到他那兒去打麻將，他是個很圓滑的人。他雖然也邀約男生們去他那裡，但男生們卻沒有一人願意去。馬副司令很會跳交際舞，常教我們女生跳舞。他很喜歡個性外向又愛玩愛熱鬧的我，每逢教一種新舞步，一定先帶我跳，他說我身體輕盈靈活，帶起舞來很輕巧。我們也把在他那兒學到的舞技帶到舞台上去表演，他常玩笑的說要收我為乾女兒。開始時他從省城回來，會帶給我一些糖果餅乾的小點心和一些書報雜誌等，後來每月就給我一百塊零用錢。最初我不肯要，但是他說我們的零用金很少，會有需要用到錢的地方，難得我們有緣碰在一起，就讓他表示一點心意，跟著長官就吃長官的，受之無愧。副司令太太到山上來時，也會買給我一兩套衣物，給我一點零用錢。我雖然意外的得到這些錢，但很節省從不敢亂花，以防有急需時才會有錢可用。說實在話，因為有馬副司令的特別愛護，口無遮攔遇事就會直言，又愛發牢騷的我，確實受到很多好處，免去了好幾次的處罰，打狗要看主人面的。在格致灣基地開始受訓時，我對當初參軍時想藉著西盟軍區所辦的大成學校，達到赴台灣升學的美夢成了泡影後，決定報名參加通訊隊，只盼望著能以優秀的成績找到一條出路，其餘的時間就用練球、練習歌舞來填充心中的無奈。反正日子必須過下去，就讓日子過得快樂些。

集訓開始後的一個月，有一天接到馬司令命令，要我們全體女生和被點到名的男生，中午到司令部午餐，我們雖然感到奇怪卻很高興，可以吃到一頓美食何樂不為。到了司令部才發現接待的竟然是在萬養村教了我們半個月醫務知識的章醫生。他到泰北邊界四十多個國軍滯留眷村巡視醫療服務的時間已到，將返回台灣，但是他很想念我們這群跟著他學了半個月醫務的學生，臨別前特地請馬司令安排與我們見面，我們和他見面當然很高興。他向我們談起在各村寨巡視醫療服務的見聞，說走訪了幾十個眷村，沒有再見到過像我們這般優秀的一群青年。當晚馬司令下令特地安排歌舞表演節目歡迎他，第二天一早他就下山離開了。

過了一個月，一件不平常的事發生在我們女生當中，賴月秀離開了通訊隊，在沒有任何儀式歡宴下，跟隨著木師長派來的幾名部下，搬到師部去了。當她在收拾衣物的時候，我忍不住走進直屬隊的宿舍輕聲勸她，這不是離開部隊的方法，只是從大圈子裡跳到小圈子裡，反而把自己的生活圈子劃小而捆綁了自己，要她多考慮先別跟去。

「妳的勸阻太遲了，我有不得已的苦衷。我不是畫地為圈，而是沒有考慮的餘地。」她沒有向我多做解釋，流著淚在收拾東西。我和她是初中時的同班同學，又是同一天進入部隊的，卻不忍心陪她去，她也只希望楊貴蓮一人陪她同去。在師部隊員的催促下，在大家同情的眼光中，看她含著淚一聲不響的靜靜走出女生宿舍，女生隊裡又少了一個人。晚上我和楊貴蓮躺在床上，她輕聲告訴我，她們到了師部那文彬處長已等在那裡，見賴月秀到來就替她和木成武師長念了喜經，祝福過後就算完成婚禮。我感嘆的對楊貴蓮說，在回教的教義中，男人是可以三妻四妾的，雖然木師長已有家室，並不算重婚。

尤其是在游擊隊裡長官的命令就是法律，已經有部隊裡唯一的教士伍索那處長替他們念了喜經祝福，他們的婚姻已算合法了。

四個月後，第二梯次的集訓結束，馬司令主持了結業儀式，結業典禮中馬司令鼓勵大家努力向上，他很快就會安排第一批隊伍北上。讓這批受過嚴格訓練和裝備齊全的隊伍，投入大陸情報工作組裡發揮自己的才能。前途都掌握在自己的手中，要大家努力達到立下報效國家的理想志願。除了通訊隊員學業尚未結束外，分派到各單位的教導團員都調回到自己的隊中，並重新整頓隊伍準備北上緬北。一席離別宴，離別的愁緒充滿在我們的心中，尤其是我們這群學生。雖然我們已被兩次集訓的生活磨練得不再單純，卻仍然珍惜著這兩年多相處的時光。晚上，譚國民來向我告別，他要我多小心保護自己，學習收斂自己的脾氣，別再給自己找麻煩。我拿出兩百塊錢放到他手上，感嘆的說這一別不知道什麼時候會見面，見面時又不知是怎樣的情況。我知道他身上不會有錢，一個月四十塊錢的零用金怎麼可能會有餘存。

「妳怎麼會有這些錢的，淑芬？妳知不知道同學們大家謠傳得很厲害？他們都說馬副司令用錢供養著妳。這錢不明不白，我不是張世堂，我不能接受妳的錢。」

「你相信這些謠言，看不起我了？我們是相知多年的好朋友，你相信我的人品會被金錢動搖？你放心，沒這回事。我有我做人的原則，做事會有分寸的。」我把錢硬塞給他。

「我了解妳的為人，妳和馬副司令實在走得太近了，怎能怪別人會有這些謠言傳出。但是在游擊隊裡沒有分寸可以拿捏的，又不是沒有例子擺在面前，凡事還是小心為要。妳做事直爽沒有心機，並不代表人人都像妳一樣沒有心機，我真的最不放心的就是妳這點。」他看著我欲言又止，終於下定決心的說。

「我今天就把心裡的話全都向妳說明吧。妳一定不知道我為什麼會進部隊來，當妳告訴我妳要參加游擊隊的決定時，妳雖然沒有邀約我，我已下定決心跟妳一起走。如果我不對妳說出來妳永遠也不會知道我是多麼的愛妳，因為妳只把我當做好朋友。妳在我面前一個又一個的一直在換著男朋友，卻跟我討論與他們交往的情形，從來不給我表白的機會。直到換到張世堂，卻沒有感覺到他更不適合妳，我看了好心酸，只能默默的在一旁守著妳，希望有一天妳發現他不適合妳時，眼光會超越過他，看到一直守候在一旁的我，會感應到我的這片深情。現在我要離開了，再不對妳表白，妳永遠也不會知道我對妳的深情，永遠只會把我當作好朋友。淑芬，給我一個機會好不好？當妳發現張世堂不適合妳時，先別忙著再去交男朋友，把身邊的空位留給我，看看我是不是適合妳。」

他把我擁入懷中對我深深的吻下。

我被他這番話弄得心煩意亂，迷糊的任他吻著。我一直把他當著能吐露心事的好朋友，並不知道他會愛上我。難道男女之間不會有純真的友情？他今天的表白讓我又回到臘戍那些歡樂的歲月，他每天放學後都到我家來，加入我的朋友群，和我們一起玩，一起歡笑。星期天去郊遊時，我一定會把家中的腳踏車留一輛給他。我、妹妹和他三人在一起笨手笨腳弄東西吃的樂趣。原來他早已進入我的生活中我卻不知道，只忙著交男朋友，換男朋友而把心事向他傾訴，我只把他當作一個好朋友，他卻默默的一直守候在我身邊。譚國民一定是遺傳到他父親的好脾氣，我好動不願遵守中國人傳統古訓思想、叛逆性特別強的個性不知道是遺傳到誰的。我嘆口氣把他輕輕推開，要他凡事先為自己著想，任何事都要小心。不必要再為我擔心，我不是小孩子，會處理自己的事。反正他要北上了，什麼事都等以後再說。

「請妳相信我，只要妳在部隊裡，我一定會回來的。希望我回到基地來時，妳身邊已有一個空位在等著我。只要妳願意等我，留著空位給我。」他發誓的說，我無言的看著他。我不想告訴他我和張世堂的愛情早已有了問題，分手只是早晚的事，他不能再事事都只為了我，讓我對他歉疚一生。

進入部隊後我與張世堂在朝夕相處中，我感到我們對前途事業的想法和看法，做事的方法都南轅北轍，完全不能相合。我不想批評任何人對自己前途事業的想法和做法，每個人都有權力決定自己的將來。但確實了解我們並不是適合而相配的人，尤其我們對愛情的看法和方式。我認為人是獨立的個體，就算是結了婚，我仍然需要有自我的空間，何況才只是交往中的男女朋友。但他卻不一樣，他認為我們已經成為男女朋友，將來一定會結婚。我的思想裡只能有他，生活裡也只能有他，我已是他私人的財產，每一分鐘的時間都應該是屬於他的。他那樣愛我，為我犧牲一切跟著我進入部隊來，我應該永遠屬於他才對得起他這份深情。我們有了爭執，他並不用體諒和耐心來包容我，只會和我爭吵到他贏為止。當我忿怒而走開時，過兩天他又想盡方法來道歉，說和我的爭吵全是為了愛我，怕會失去我。這樣週而復始的循環著，好像幼童在扮家家酒。連我和那一位男同學多說一句話也能引起爭吵，我累了、疲倦了，他卻樂此不疲。這樣的愛情能維持下去？我沒辦法與他溝通，現在只能以功課忙為由慢慢的疏遠他。希望他會知道當愛情消失時，就不可能挽回，讓他有時間和空間冷靜的好好想一想。

通訊學業快結束，邱永西、小麼、楊貴蓮和我以優秀的成績被派上電台學習作業。楊星善、尹文秋和姜桂芬被調派到萬養村的學校教書去了。我們教導團在去年到萬養村與馬司令帶來的第二批學員會合時，表演過後，就有好幾個眷村村長向馬司令申請，請他調派幾位團員到村寨學校教書，幫忙解救學校的教師荒，為眷村培育人才。我們知道後都非常心動，可是馬司令沒有答應，他說等到學員們受訓結束後才會考慮。但是如今他只派了三名在留有他眷屬的萬養村去為學校服務，其它的村寨全都沒有分派去。不久，部隊中的第二場婚禮在馬司令的主持下舉行。段藻蘭和陳秀美分別嫁給馬司令的兩個姪兒，李汝堂和李汝柏，女生隊的人員越來越少。當段藻蘭他們結婚後，張世堂又慌了。他來找我說既然女生可以結婚了，我們也向馬司令申請結婚吧，免得夜長夢多會生變故。

「你那根筋又不對了，我們向馬司令申請結婚？用什麼來維持家庭生活？將來有了孩子怎麼辦？就困死在山上，困死在部隊裡？」我覺得太荒謬，結婚就能留住一段將消失了的愛？他還是沒有把我們之間為什麼會有這些問題發生的事弄清楚，認為只要結婚就可以解決了所有發生的問題，我真是氣得不想和他說話。

「他們都能結婚，我們為什麼不能？」他不服氣的說。

「你還是沒有弄清楚，他們是什麼身分？我們又是什麼身分？他們是長官的姪兒，身分、地位、經濟都有來源，我們用什麼來跟他們比？太不自量力了。你再提結婚的事，我立刻就此結束我們之間的關係。」我生氣的轉身就走。從此我盡量避免和他見面，就算見了面也無話與他可談。

正式上電台與各地單位通訊後，我們收到很多重要消息，對部隊中的運作更加了解。雖然陳啟佑台長盡量只把普通對外聯絡的台讓我們做，但是仍然免不了會讓我們接到一些重要的特別消息。一天侯福林來找我交給我一封張世堂要他轉交給我的信，我不想看要他拿回去。自從我避開張世堂很少再和他見面後，張世堂慌了，請好幾位女同學轉交信給我都被我退回去，現在竟然找上了侯福林。侯福林勸我看看他說什麼，情侶爭吵是小事情，只要他肯道歉就原諒他吧，何必把事情鬧得這麼僵。

「你想看你就看吧，他寫些什麼我完全知道，不外乎所做的事全都因為愛我。老生常談，他沒有說厭，我的耳朵卻聽得生老繭了。他想過他庸庸碌碌的生活，他有這個自由。我不願意陪他去過這種生活，我也有這個自由。西盟軍區並不是我想繼續待下去的地方，我當初進入游擊隊的抱負理想早已破滅。張世堂沒有什麼理想抱負，當然不會破滅。一心只想著和我趕快結婚，達到他的目的。但是在部隊結婚簡直是作繭自縛，他卻完全沒有想過。你別看我整天嬉笑玩樂，又常到馬副司令家中吃喝跳舞，我只是發洩情緒而已。心理的鬱悶又無處傾吐，張世堂並不了解我，根本沒法和他談這些。這幾天我在電台上收到區部向馬司令調派通訊員的消息，陳台長雖然保密不說出來，但他卻不知道消息已經洩露，早已成了公開的秘密。我們是同校同學，又是被你聯絡進部隊來的人。我今天和你說這些，希望你能保密，就當是我向你發牢騷吧。」

「喔！看妳平日好像只會嬉笑胡鬧的人，竟然也有思想見解，真想不到。」侯福林用新奇的眼光看著我。

「你當我是無知的小孩子？人總會長大的，尤其是在這種複雜的游擊隊環境裡。我們體驗的生活與外界生活完全不同，你不得不用特別的眼光來看事情。」這一次的談話拉近了我與侯福林之間的關係，自從張儀和譚國民走後，我又有了一個可傾吐心事而不怕被打小報告的朋友了。

在這段時間，雷兆華向李惠琴展開追求攻勢，發餉後的一個星期天，他要侯福林請我替他約李惠琴一起到叢林裡去找野菜，並買了一些零食和米酒去野餐。李惠琴答應了，從此我們變成了四人小組常聚在一起。就在這段期間我們接到命令，台灣派來一位區長鄧文勳到格致灣基地視察部隊，要我們全體官兵列隊到基地前的哨站去迎接。當時馬司令不在基地，馬副司令帶了我們全體隊伍，提早吃過早餐就到基地前的哨站等候。我們整整等了一天，直到下午才接到通知鄧區長因事取消今日行程，害我們整整枯等了一天，當然被我

鄧文勳區長至格致灣典驗西盟軍區。

們私下大罵。過了三天，又接到鄧區長要到基地的命令，這時馬司令已回到基地，我們再列隊迎接。經過這次視察，我們接受了區部第一次的典驗，在情報局有了名冊。我們通訊隊每到星期六晚上，一批、一批的人被點名去開會，點到名的隊員神神祕秘的悄悄走開。到了最後，整個通訊隊裡只剩下侯福林、楊貴蓮和我沒有被點到名，我們三人奇怪的面對著星期六晚上空空的隊部。過了一星期我們三人也被點到名了，原來是開入黨會議。侯福林因為開過小差；我因為在部隊中雖沒有出大亂，卻常犯小錯，又愛抱怨；楊貴蓮卻不知道是了為什麼原因，拖延到最後才能入黨。羅仕傑處長對我們三人說，我們是由他的擔保，絕對是忠黨愛國的人，才獲得馬司令的允許入黨的。入黨儀式結束後，我不禁感到啼笑皆非，這叫什麼入黨儀式，還不是老生常談的那一套理論。馬司令訓話後問我為什麼要入黨，我回答他說我不知道，今天是我第一次參加黨會，還沒有進入情況，長官要我入黨我就入黨。氣得他吹鼻子瞪眼睛，他可能希望我回答他的是一些高調的愛國論。羅處長無奈的替我解圍，說我也許真的不了解，會對我再加強訓練，也許他認為我是根不可雕塑的朽木，不知道他的一番苦心。事後侯福林對我說，那天晚上真為我捏了把冷汗，就算對部隊再失望也不能用這種態度回答長官的問話。過了兩天，馬司

203部女政工，左起：李鳳琴、楊桂清、楊太芬、陳美星、陳昌鳳。

令把我們女生叫到司令部對我們訓話，他說他在部隊裡帶領我們這些女生，一不給我們餓肚子，二不給我們露屁股，三不給我們大肚子。還替我們安排合適的對象結婚，那一點對不起我們。我們不知感恩，只知道抱怨發牢騷，尤其是楊淑芬，態度更惡劣，要好好反省。我生氣的要回嘴，楊貴蓮拉著我背後的衣服，看著我輕輕搖頭阻攔著，我把已到嘴邊的話強行壓住。解散後，楊貴蓮對我說侯福林一再交代她注意我，免得我又口無遮攔的闖下禍。馬司令這番教訓讓我真的很生氣，我們是為了理想抱負才參加部隊的，並非沒有飯吃、沒有衣穿，想找對象而參加的，他把我們的心意全扭曲了。楊貴蓮說這些心意大家全都是一樣，但是每個人都聰明的不出聲，我何必強出頭。通訊隊學業正式結束，男生們分隊到各地去實習作業，有分到馬鞍山的兩組、有分到新寨村、帕亮村寨的。女生就分組到已經空了的各單位去架電台實習作業，隊中的總台就由各隊的人員分組來輪流操作。

一個星期天，分派到各山寨實習的男生全體回營休假並採辦伙食，等待第二次的換班調派。侯福林約了我到半山早已空無一人的舊司令部去找野菜，晚上他們幾個男生要在隊長室旁邊讓我們燒水的伙房裡煮東西吃。自從教導團隊北上後，司令部搬到教導團的隊部去，原有的司令部就空下來。我們走到房屋附近時聽到屋內有女生說話的聲音，我好奇的走進屋裡看是那個女生。原來是李鳳芹在替一位坐在椅子上的病人打針配藥，告訴病人藥怎麼吃。那位病人好瘦，又蒼白，看到有人進來，低著頭默默的一句話不說，從椅子上慢慢滑到地面上爬出屋外，低著的頭全沒有抬起來看我們一眼。李鳳芹從衣袋裡抓出幾顆糖果追上去給他，他感激的看了李鳳芹一眼，繼續的向著屋子外面爬出去。

「這個病人得的是甚麼病？連路都不能走了。怎麼沒人照顧陪他來看病？」看著爬出去的病人，我惻隱之心大起。

「他就住在隔壁的禁閉室裡，除了每日警衛給他送兩頓飯來，連監守他的人都沒有。只有我們兩個醫務組的女生每日輪流來替他打針配藥，誰會來陪他看病？」李鳳芹一面收拾醫療用具，一面用淡淡卻掩不住同情的聲音說。

「他是誰？犯了什麼錯？」我追著問。

「他是魏然光啊！他並沒有生病，只因為被關在地下土洞裡的時間太久，以致骨頭癱瘓不能走動。現在被吊上來關在禁閉室裡，由我們每天來替他注射氯化鈣和給他吃些維他命鈣片。現在已經好多了能自己爬行，剛開始時是由警衛抬進來的。再過半個月左右，利用拐杖他就可以行走了。」

「甚麼？他是魏然光！他犯了甚麼大罪，竟然被關在土洞中直到癱瘓。」我大吃一驚！俊美高雅、充滿書卷氣的第二批學生隊員魏然光，怎麼可能是眼前這個瘦骨嶙峋癱瘓的病人！他到底犯了什麼大罪？

「我要回去了，你們要不要一起走？」李鳳芹避開我的追問走出門去。

「我們要沿路找些野菜，今天休假回來，晚上要煮東西吃，妳來和我們一起吃好嗎？」侯福林輕輕扯扯我的衣服岔開話題，要我別再追問下去。

「晚上再說吧，希望你們找到些特別的野菜，好好吃一頓。」她說完了話後就向著山上走去。

「魏然光到底犯了什麼錯，竟然被關在土洞裡直到癱瘓，這未免太殘忍了。」走出屋子，我仍然被魏然光淒慘的景象驚嚇的滿心不安。

「犯了什麼錯？他只不過是發了些牢騷，說了一些對部隊不滿的話，頂撞了馬司令而被關到土洞去的。三個多月前第一批隊伍北上後，因為人手不夠，我們通訊隊的男生晚上被輪流派到禁閉室來夜間防守了一個多月的時間，那時土洞裡關了六、七個人呢。他們有的是想開小差被發現，有的是對長官頂撞發牢騷，於是就給加上動搖軍心的罪名而被抓來關土洞。現在只剩下魏然光一人，有的是被帶隊的隊長保釋出去，有的好像是被槍斃了，我也不太清楚。只有魏然光沒有任何一位長官保釋他，才被關到現在。被調到師部的李玉璋告訴我，一九二〇區區部要移到格致灣來了，那能讓區部的人員看到這副景象，魏然光才被釋放出來。這些情形我們男生都知道，只有妳們女生不知道罷了。淑芬，妳有幸生為女生，又有馬副司令替妳撐腰，不然以妳那張利嘴和強脾氣，早就被關進土洞了。願意替人承擔麻煩的人不多，打落水狗的大有人在，游擊隊裡不是讓妳向長官講道理的地方。妳再不學習收斂改善妳的強脾氣，到最後受罪的還是妳自己。馬副司令雖然喜歡妳，能替妳承擔多少麻煩？如果真有大問題發生，他也替妳承擔不起。希望你好好考慮。」我被他這番話說得啞口無言，默默的跟著他走。

「還有一件事。」他欲言又止。走了一會，他停下來好像下定決心的接著又說：「今天我把想要對妳說的話都說了，乾脆再多加上一件事說完它吧，妳最好不要再到馬副司令那裡去了。妳不知道大家說的話有多難聽，以前我不了解妳，不想管閒事。現在發現妳不是我以前想像中的那種人，也就對妳直說了。妳知不知道馬副司令到格致灣基地來是為了做什麼？他是為了方便在深山中提煉嗎啡毒品，就在山谷下的溪邊蓋了幾間房子熬煮。我們男生想用錢時，會去砍樹賣給他，一棵樹幹賣十塊、二十塊不等，就看樹幹的大小。馬副司令需要部隊的武力，而馬司令需要他的金錢支援，互相利用。這些事大家都清楚只是不說出來而已。馬副司令這個老色鬼喜歡妳，妳讓大家看不起自己還不知道，他那些不正當來的錢，虧你還能接受。而且還有謠言說如果那個女生和他懷了孕，他太太就會讓他納為妾，多污穢的傳言。現在我傳給妳聽，妳自己好好考慮要怎麼做吧。」聽了侯福林這番話，不禁讓我感到毛骨悚然，我真的沒有想到過會有這麼多的問題。游擊隊裡真的是這樣亂七八糟嗎？但是不管真假如何，這麼多複雜的問題裡我還是不要涉足的好。收斂自己的言行，乖乖待在部隊裡等待機會，才是上策，於是下定決心從此不再到馬副司令那裡去了。

通訊隊的實習結束，我們正式結業。區部人員陸續搬到格致灣基地來，通訊隊部半山坡下的舊司令部讓出來成了區部的地盤，我們立刻被嚴禁到那個禁地去。一個滂沱的大雨天，陳台長派了幾名通訊隊男生協助騾馬隊到山下為區部馱運物品用具，因為這時部隊裡能出勞力的人員已不多，只有通訊隊的男生了。把能馱運的傢俱全都架上馬背，只剩下一張長沙發沒有辦法架到馬背上，只能用人力來搬運了。因為通訊隊人員對於照顧馱運著貨物的馬匹不是那麼熟練，只能出勞力搬運那張長沙發。直到黃昏，男生們全身濕透又泥濘的回到隊部，等他們換過衣服在宿舍聊天，我們幾個女生也圍了上去湊熱鬧。因為這時門禁已解除，女生可以到男生宿舍去了。

「這是區部搬到基地來我們第一次踏進他們的住屋，你們知道嗎？原來的司令部全已煥然一新。辦公桌椅、沙發床墊沒有一件缺少。雖然是搬到山上來，他們仍然享受著在城市般的生活。那像我們這般的簡陋寒酸，連馬司令都沒有他們這樣的享受，這才是

遊藝會後尚未卸裝與馬季思副司令合照。前小朋友是馬副司令養女，旁為李煥娣，左二為作者。

人過的生活。那位穿睡袍的小姐指使我們把用物安置好後，別說給我們倒杯水，連謝謝都不說一聲，好像我們替區部做這些粗重的工作是理所當然的事。」邱永西點燃一根香菸，又羨慕又氣憤的說。

「還有呢，我們在休息時，那位小姐放下兩包無牌子的香菸在桌上給我們做酬勞，那神態就像碰到我們就會把她弄髒，卻不得不做一些表示。我們很生氣的互相看了一眼，邱永西從口袋裡拿出一包我們下山時合買的『空替』牌香菸，每人遞了一根，並禮貌的問她會不會介意我們在屋子裡抽根香菸，休一下再回去向陳台長交差。看著她尷尬的樣子，我們合買的這包

格致灣最後訂婚的三對情侶。

『空替』香菸真替我們出了一口氣。如果那一天我們被調到區部，誰還能小看我們。」黃根民接著說。外調到區部的消息點燃著我們每一個通訊隊員的希望。

就在這時期，馬司令在基地主持了第三場婚禮。陳台長和尹雲芳、馬志聰處長和張從芝，還有學兵隊的龔連長和李煥娣三對新人。尹雲芳和李煥娣兩人的對象我們並不奇怪，因為我們早就看出端倪來。可是張從芝嫁給馬志聰處長卻讓大家為之譁然。因為馬司令這時不在基地，接到他傳來的電報時，我們就跑到宿舍去跟張從芝開玩笑的說她保密的功夫真的學到了家，要結婚了都不讓我們知道交往的對象。她被我們笑得愣住，奇怪的問誰說她要結婚，她要嫁給誰？我們笑著說長官的電報都傳到了她還裝蒜。她生氣的衝進隊長室，要陳台長拿電報證實給她看，一看電報果然不假，新郎確實是馬志聰處長，日期都已訂好。張從芝推開笑鬧中的人群跑進陳台長臥室，把他掛在牆上的手槍拔出來對著自己的頭，誰要逼她結婚她就先自殺。這一來我們都嚇到了，陳台長連忙把人群驅散並安慰她，說電報雖然傳來也有商量餘地。她不願意結婚，可以等馬司令回來向他說明，吵嚷著說什麼要自殺，先把槍放下來再說。正在這時馬志聰來到，他叫陳台長不要慌，事情由他這個當事人來處理。過了一會隊長室中聽不到什麼動靜，我們都出來站在宿舍門口觀看。陳台長對我們說沒事了，馬志聰處長已經把張從芝安撫好帶她到司令部去了。第二天早飯後陳台長帶著尹雲芳，陪著馬志聰和張從芝一起到清邁去了。這件事的演變也讓我們感到奇怪，本來馬志聰喜歡的是范群珍，還要我們幾個女生幫忙替他約范群珍到他辦公室去玩，請我們吃東西。約了幾次都被范群珍拒絕說她已有對象，不久就看到她往李正營長那兒去，原來她的對象是馬司令的胞弟李正。還沒到一個月，馬志聰的結婚對象竟然變成張從芝，轉變得未免也太快了，好像是不管對象是誰，只要是女人就好。一星期後這兩對準新人回來了，他們去清邁渡假並採辦好嫁妝。張從芝把她採辦好的東西秀給我們看，這件有多美、那件有多高貴，馬志聰處長毫不吝嗇的買給她，拒婚的那場鬧劇就這樣歡喜的收場。可是誰也料不到這件事又引來了另一場風波。兩對準新人歡歡喜喜的回來了，第三對準新人龔連長和李煥娣卻遲遲沒有去採辦物品，李煥娣當然滿心的不愉快。婚禮前兩天他們總算下山去了，但是在中午後就返回山上。回到山上的李煥娣，滿臉不愉快的進入宿舍，把買來的東西往床上一丟，蒙起頭就睡。李惠琴高興的叫她起來要看她買的東西，她仍然蒙著頭沒有興趣的要李惠琴自己看。

「都要結婚了還鬧什麼小脾氣，不要和尹雲芳她們去比較，結婚後只要龔連長對妳好，妳還是會得到幸福的。」李惠琴勸她。到底是一個村子裡長大又一起進部隊來的，李惠琴希望她快樂的結婚，找到自己的幸福。

李煥娣告訴李惠琴她知道這些，不會去跟任何人比，只是她這兩三天來都沒有睡好，感到很累，想好好睡一覺，要李惠琴不要打擾她，讓她休息一下。晚飯時看不到李煥娣出來吃晚飯，李惠琴到宿舍去看卻不見她的人影，李惠琴擔心的約了我去找她，說她今天的行為很怪放心不下。我們先到學兵隊去，龔連長說回來後她就沒來過。我們又到基地旁的眷屬商店找也說她沒有來過，天已快昏暗，我們只好路上山邊、山林的去找，終於在教室後面那片懸崖的一個大石旁找到坐在那兒默默垂淚的她。我們把她勸回宿舍，她又倒在床上用被子蓋住頭一言不發，我們只好走開讓她休息。直到晚上李惠琴去問她想不想吃東西時，掀開被子一看，只見李煥娣口吐白沫，臉色蒼白，早已不省人事。李惠琴嚇得大叫，瞿美生趕快把陳台長找來，陳台長立刻叫男生去向馬司令報告，並把馬光復醫官找來。馬醫官來到後替李煥娣檢查把脈，說她可能中午就服的毒，現在毒已攻心，無藥可救了。這一晚我們通訊隊全體人員都無法入眠，痛心她怎麼會這樣想不開，竟然選擇死路，第二天清晨李煥娣就斷氣了。馬司令這時才帶著龔連長來到通訊隊，龔連長鐵青著臉一聲不響，他把一塊銀幣的老盾用力敲進李煥娣咬緊的牙縫裡，向馬司令敬了禮就走了。馬司令不出聲也沒罵人，吩咐會做木工的雙興榮，為她用樹木釘了一副棺木收斂也走了。我看大家誰也不敢靠近屍體，不知哪來的膽子，要李惠琴替我準備一盆水，替李煥娣洗身體換衣，替她打扮得美美的離開人世。摸著她漸漸冰冷的屍體，我也很傷心的想大哭一場。一個朝夕相處了三年的同學，就這樣在我的眼前失去生命，當天就把她埋葬到山谷下去了。第二天的婚禮按時舉行，並不因為李煥娣的死而改期。我舉杯向兩對新人敬酒，心中百感交集，死的人走了，活著的人仍要面對目前的環境活下去。晚上我走到宿舍斜坡下一個大石旁，依著一棵大樹坐下，從樹幹隙間遙望遠山大壩子中猛芳縣城裡閃爍的點點燈光。離家已經三年多，和城市的燈光也隔絕了三年多。這三年多的游擊隊生涯我實在看不出我的前途在那裡，馬俊國司令的那所大成學校只是個誘騙學生的幌子，說不定外調的訊息也是個謊言，全是些海市蜃樓，連影子都不會出現。就算會被外調，又有幾個幸運兒？以我的個性，這份幸運是否會落在我的頭上？幾個女生的結婚，李煥娣的死，衝擊著我的情緒，難道女生進入部隊就是為了結婚，找一個老幹部為對象？馬俊國從來不會為我們這批學生的前途著想，而只是藉著這個幌子，把招攬到的這批學生用來擴展他的部隊，鞏固自己的地位升官發財。正當我感到一片茫然，情緒低落的在胡思亂想的時候，侯福林找到呆坐著沉默的我。

「我在隊部裡看不到妳，要李惠琴到宿舍裡找也看不到妳，不放心就找來了。這幾天發生了那麼多意外的事，怕妳也會一時想不開又鑽牛角尖。現在凡事擔心也沒有用，等我們外調的名單下來後再做計畫吧。」他安慰我。

我們正在聊著的時候，突然看到張世堂不動聲色的站在我們旁邊，一句話不說揮拳就向侯福林打來，侯福林舉手擋住張世堂揮來的拳頭一把抱住他，問他到底在幹甚麼。

「我請你幫我勸勸楊淑芬，希望她能回心轉意別再生我的氣和我鬧彆扭，並不是要你趁虛橫刀奪愛。你到底夠不夠朋友，講不講信義？我不是要你來和她談情說愛的。」侯福林無論怎樣向張世堂解釋他就是不聽。

他們兩人就在那裡爭吵著，這樣一來事情就鬧大引來了幾位同學。大家把他們勸開後，張世堂不服氣的告到馬司令那裡去。如果這是一個狀子，張世堂是打贏了官司。馬司令罵我不知收斂一再鬧事，侯福林被限制不准再和我私下見面說話。可是，張世堂沒有想到過我是一個人，不是一件東西，愛情不是能告回來、搶回來的。贏了官司的張世堂看我還是對他冷冷淡淡的，就算見了面也無話可說，他又向馬司令申請結婚。一天馬司令把我叫去告訴我，張世堂向他申請結婚，他已經准許了，他說小倆口吵架鬧彆扭也不必鬧成這個樣子，說我脾氣太壞，張世堂對我的忍讓真是夠了。只要我答應結婚，馬上就派我出去工作。我謝謝他說如果一定要跟張世堂結了婚才能派出去工作，我情願不要出去工作。

自從一九二〇區到格致灣基地來後幾天，馬司令為表示歡迎，舉辦了一場歡迎會，中午男、女生球隊各打了一場籃球賽，球賽後聚餐，晚上安排歌舞表演。由於女生只剩下十幾位，能參加表演的人數已不多，配上幾位參加表演的男生，大家台前台後的忙碌著，總算把當晚的遊藝節目應付過去。區部人員料不到西盟軍區竟然有這樣一群才藝雙全又有學識的女生，意外之下第二天都湧到通訊隊來。名為拜訪總部派來的陳啟佑台長，實為希望認識這群女孩子，能交到一個女朋友。他們請陳台長把我們請到隊長室，要陳台長為他們介紹，一會兒要和大家拍照留做紀念，一會兒又誇大家歌聲好，希望我們能唱一首歌讓他們再聽一次，以能再飽一次耳福。我們因為事先早被長官嚴禁與區部人員交往，除了第一天他們的登門造訪和他們聊過一段時間外，以後他們再到通訊隊來，大家都避開了，他們可能也被要求不要來打擾我們的生活。雖然如此，每天在大操場上的相遇，他們特地過來談話還是免不了的。每到星期天，他們會邀約通訊隊球員和他們已組織好的球隊做友誼賽以聯絡感情。

外調的名單出來了，通訊隊中只調派了雷兆華、趙家興、王大炳，士官隊的邵宏清、蔣興和與被指名外調的伍健超。伍健超因為他的父親是位高級官員，他向區部申請把兒子從西盟軍區外調出去。雷兆華外調後，最初有空時會回到通訊隊找同學們聊天，還有他追求著的李惠琴，他也會買一些東西給侯福林等幾個和他交情好的同學。因為他外調後，薪資立刻調整到近千元，和我們每月四十元的零用金來比較，當然是個天文數字。本來就海派的他，自然不在乎那幾百塊錢買東西來給好朋友。但是後來他就被警告不准再到通訊隊來，以免影響同學們的情緒。所以除了在球場上和眷屬們開的店中買日用品碰到時，他也只敢匆匆向大家打個招呼就走開了。有一次區部邀約通訊隊打球後，雷兆華藉著還印球衣用具的機會到通訊隊來，才走到隊部門口就被陳仲鳴參謀長看到，喝令他站住不准進去，雷兆華向陳參謀長報告說明原因，但是陳參謀長根本不聽他的原因，揮起手中的竹棒狠狠向他打下，說他藉故到通訊隊來向同學們炫耀挑撥大家的情緒。雷兆華無端被打了一頓後，再也不敢到通訊隊來了。

有一天，馬副司令派人來叫我，要我到他家去一趟，最近我不再到他家去，但是他派人來叫我，我就不能不去了。到了他家向他報告敬禮後，他要我先坐一會等他把事情處理好再和我聊天。

「妳最近很長一段時間沒有到我這裡來了，是不是在生乾爸爸的氣了，還是聽到了什麼閒話。都別去理它，我喜歡妳，只想把妳當成自己的女兒，享受一下在妳們生活中的樂趣，這樣我會感覺到彷彿又回到年輕的時代了。」他看我不出聲，又繼續接著說：

「昨天張世堂來找我，告訴我妳拒絕了他向馬司令申請你們結婚的事。你們是以情侶的身分進入部隊的，他希望我能勸勸妳，是他把妳從家帶進部隊裡來的，一定要與妳結了婚後，才能對妳的母親有個交代。現在妳的學業已結束，也該結婚了。女孩子結了婚有了一個家，有人照顧才是好歸宿。」又是張世堂，他怎麼不好好去想一想我為什麼要結束這段已有四年多的愛情，原因在那裡。用各種手段、各種勢力來強求已消失的愛，能成功嗎？愛是需要去體諒、去包容，互相扶持尊敬才能建立一個家庭的。並不是結了婚我就是他的私人的專屬，永遠也不會改變。就算勉強結了婚，相處不來同樣會走上離婚的路，何必為雙方製造更多的痛苦。

「副司令，就因為我們在部隊朝夕相處了三年多，我發現我們兩人並不適合，不能在一起組織家庭才拒絕結婚的。我沒有變心，也沒有另交男朋友，但是也沒有賣斷給他，只是心中對他的愛消失了。他就是不能接受事實，到處苦苦要求，找人替他勸我，但是這樣能挽回消失的愛？只會再增加雙方更多的苦惱罷了。」我無奈的向馬副司令解釋。馬副司令要我再多考慮，不要只以自己為重。他要我留下來陪他吃晚飯，我以有工作要做為由拒絕了。他只好走進臥室拿出幾本書和一些零食，又給我兩百塊錢。我收下書和零食，拒絕收下他給的錢，對他說我還有錢用。他不理我接不接受，對我說沒有人會嫌錢多的，只希望我用得輕鬆點。他硬把錢塞入我手中，要我別和他這麼生疏，以後有任何問題就來找他，我向他行過軍禮後就回去了。我心中實在很感激他對我的照顧，不管同學們對他的閒話有多少，那是別人對他的壞印象，在部隊中他確實對我很好，給我不少照顧。不過為了避免閒話，還是少接近他為妙。

過了幾天，我們又從電台上收到區部向馬司令要求調派幾名通訊人員的訊息，男女不拘。在這同時也得到第二批部隊要北上的消息，這次由馬司令親自帶隊北上，木師長也會跟隨一起走。通訊隊全體男生都隨隊北上，女生搬到司令部由馬副司令和陳仲鳴參謀長照顧，通訊隊就此解散，結束我們相處的這一年多的生活。部隊從新組織分配了北上的隊伍，而區部向馬司令請調通訊人員的事卻遲遲沒有消息。有一天侯福林悄悄約我到教室後面對我說，李玉璋從木師長那聽到消息，馬司令拒絕了區部向他請調通訊員的事，說他自己也需要用人，連留守在基地的女生也不能調去，對於外調的事要我還是死了心。他也告訴我隨隊北上後，只要找到機會他會離開隊伍，要我在基地事事小心，多收斂自己的言行，以免給自己再惹上麻煩。我也要他凡事小心，尤其是有要脫離隊伍的心意。這是他準備第二次開小差，成功最好，如果失敗性命堪憂。侯福林要我安心的在基地等待，只要他逃脫成功，會想辦法幫助我離開。我對他給我的許諾感到好笑，自己能不能離開還是個未知數，誰能保證以後的事。譚國民北上時要我等他，我沒有答應。現在侯福林要北上了又要我等他，這些男生真不知道他們是怎麼想的，我又怎麼會答應他呢。我要他別再擔心我，我也有我的計畫。如今外調的希望已成泡影，我不會乖乖的待在基地裡，只要找到機會我一樣會離開。第二天晚上侯福林又再約我見面，他說他現在更擔心我，如果我願意我們現在就一起離開。他們上山到各地實習通訊的這段時間，他已摸熟了好幾條怎樣下山的路線，絕對不會再像第一次那樣盲目衝動的跟著別人走。而且跟著木師長到山下去的李玉璋曾和幾位到泰國做生意的朋友碰過面，打聽到一些朋友的住址和電話，如果現在趁部隊要北上的空隙時間離開，脫離的機會更大。他要我考慮看看是否願意和他一起離開，他對我沒有任何要求，要我放心的跟著他走，有個同伴在一起同行總比自己一個人亂闖的好。我說我會好好考慮，再給他答覆。

部隊北上的日期在出發前三天才宣布，就在八月十五日。北上的前一天，陳台長為通訊隊員設宴餞別。男生們全體北上，女生們被調到司令部，通訊隊就此解散，他這個隊長總算卸下肩頭重擔。他謝謝大家在這一年多裡與他合作好好學習，他很珍惜與同學們在一起相處的時光。我們大家也紛紛向他們夫婦敬酒，謝謝陳台長對我們的盡心照顧。三年半的朝夕相處已到尾聲，是該各奔前程了。既要別離大家何苦要談離愁，應該開懷的喝酒吧。陳台長夫婦離開後，同學們就互相敬酒、鬥酒，又唱又鬧的開懷喝酒。侯福林拿著酒杯走到我面前向我敬酒，他對我說抱歉在這段時間給我引來不少麻煩，願這些麻煩隨著這杯酒消失。他一口乾了杯中的酒，看著我的眼光飄向教室後方，我也對他舉杯把酒喝了點頭謝謝他，表示我會意。曲終人散，大家都醉了，我趁著空隙悄悄向教室後面走去，他已經等在那裡輕聲對我說，帶著重要的東西十二點到這裡來，我們馬上離開。他會一直等著我來，希望我別讓他失望。我對他點點頭，既然已下了決心，就拼一拼吧。半夜十二點，我輕輕起身怕吵醒了和我同睡一張床位的楊貴蓮，背起一個早已整理好的小布包，和侯福林從教室後的山崖爬下，往對山的懸崖爬上去。突然一陣傾盆大雨降下，我們躲進一個山洞裡等待天亮。第二天基地隊伍起床哨的響聲，我們在山洞裡聽得清清楚楚。今天是隊伍出發北上的日子，我們可以在山洞裡等到隊伍出發後再離開，馬司令絕對想不到我們就近在咫尺的山嶺上和他捉迷藏。大雨停後，我們在山洞

北上緬北的餞別宴。

裡睡了一覺，中午過後才離開山洞沿著山坡小路走去，快黃昏時看到一個種滿玉米地裡的小茅棚，這是到山上種地的人用來休息的，我們就在小茅棚裡休息下來。吃了一些身上帶著的糖果餅乾充飢，就在小茅棚裡待下來，肚子餓了採摘一些成熟的玉米吃。第三天地棚的主人來到了，那是一位拉胡族人，而且會說一些漢語。我們告訴他我們到山上遊玩迷了路，能不能請他幫忙帶我們到山下公路邊。這位拉胡老兄笑著說，我們一定是一對因父母反對而私奔的小情侶。他答應送我們到公路邊，並把身上帶著的飯包給我們吃。就這樣我們在

北上緬北的餞別宴。

他的帶領下到了公路邊，我送了他一百塊錢謝謝他，他很高興的收下並替我們攔下一輛開往清邁的巴士車，當天我們就直達清邁省。到清邁省後感到人地生疏，語言又不通，找到公共電話亭，我們先打手中有的電話號碼，有的找不到，有的沒有人接。只好去找有中文招牌的店面，向會講中國話的店家問路，但是掛了中文招牌的店面，店家老闆卻不一定會說中國話，好不容易遇到一位語言通又熱心的店家老闆，但是我們要到那裡去？我們就請他指點我們去找清邁的區部辦事處，到了區部辦事處，有一位工作人員接待我們，知道我們的處境後他並不同情我們，說我們太年輕想法太天真，無論在部隊或者社會上都不是只有黑白兩面，也有灰色的地段，凡事要從多方面去想的。他知道我們無處可去，就要我們先留下來，等他們商量一下看看要怎麼做。晚上侯福林聯絡上一位朋友，出去和他見了面，這位朋友說我們怎麼想到去區部辦事處去了，難道不知道中國人官官相護的習性，得不到照顧還引來麻煩。要我們還是趕快離開，明天一大早他到路邊來接我們去車站，先到密賽市再說。到了密賽市，我卻不甘願回去，一事無成的回家去，我感到愧對母親。侯福林於是陪著我到美斯樂和滿堂村去，村長了解我們的背景後都不敢收留我們。在美斯樂遇到周嘉銘和明增富，他們都是在北上到美斯樂附近的村寨紮營時，藉機請假到已搬到美斯樂的家探親而不再返回隊伍的。現在他們兩人已經藉著美斯樂學校學生之名額辦了赴台升學手續，如今就在等待著入台的證件寄到。周嘉銘告訴我們說，在三、五軍的區域中沒有人事關係，他們是不會隨便收留人而得罪別的部隊的，我們就算硬要留在這些地方，並不會安全，還是早點離開的好。我只好打消留下的念頭，乖乖的從大其力回到臘戍的家。自一九六四年五月離家到一九六八年底回到家，整整三年半的時間，我帶著滿懷的希望理想離開家，經過一番艱苦的磨煉後又一事無成的帶著破滅的希望回到家。

但是時代如此，渺小的我只是茫茫人海中的一粒細沙，又能有什麼力量改變一切，就這樣結束了我從軍三年半的游擊隊生涯。我能平安的回到家，已經是非常幸運的事了，還想奢求些什麼。

雲南
緬甸
寮國
泰國

第五章

劇終幕落

一九六七年十月十五日，格致灣基地的第二批北上隊伍並沒有按時離開，一直延到十八日三天後才出發。到達緬北薩爾溫江東後，駐紮在卡博、猛公、業庸、那告、索牙等一帶地區從事活動。在馬司令的策劃下，從事著大小不一的突擊事件，主要都以騷擾中共邊界為目的，也不可避免的會與緬軍作戰。這些行動有成功的，也有失敗的，隊員們的犧牲或被擄也是不可避免的在上演著。一九六八年六月，一九二〇區部接到中央命令，要部隊接受第二次典驗整編，馬俊國司令接到命令後就帶著所屬隊伍南下返回格致灣基地。經過這次典驗後，隊員們的零用金調升為四百元，扣除伙食費實領到一百八十元。士官以上階級官員往上加一百，少尉級軍官再加一百，依此類推上去，高一級加一百。隊伍也被整編為一九二〇區第三大隊，西盟軍區的名號就此卸下走入歷史。整編後的第三大隊，仍由馬俊國任大隊長，馬季思（原名為馬秉賢）任副隊長，木成武和李一飛處長任正副輔導長。大隊又分為三個中隊和一個支援中隊，第一中隊由教導團尹載福和楊國光任正、副中隊長，第二中隊由翟恩榮任隊長，第三中隊李德超（原為學兵隊）任隊長，支援中隊李成棟（原為士官隊）任隊長，正、副中隊長都以上、中尉級軍官任職。教導團隊在第一次北上時，原本一起南下的六十多名隊員，除去女生和加入通訊隊與調派到各處室的男生，就只有三十多名隊員了。北上三年，請假回家探親不再返回隊伍，和突擊大陸事件陣亡的人員，隨著馬司令南下到泰北基地時，教導團隊的基本人員只剩下二十多名而已。這次整編為第一中隊，人數也沒超過五十名，所以第三大隊全體的人數實際上並沒有馬司令呈報上去的那麼多。馬俊國任三大隊隊長的四年裡，他留下多少空缺名額的軍餉，讓喜歡細算的人去替他好好算一算吧。當年從泰國中央黨部領到的部隊軍餉，為方便運送當然不會是大批鈔票，而是買為金條用馬匹馱運上去。等軍餉發放完，由於虛報人數自然有大筆剩餘。那麼這剩餘的金條最方便帶回去的方法，就是換為鴉片煙運返泰北出售。當年泰、緬、寮國邊界金三角一帶，由於三個國家政府的勢力都無法深入。除了緬甸的各地方自衛隊、孤軍團體的活動外，還有不少走私販毒，製造海洛因毒品擁有兵力的私人隊伍存在著。所以馱運回來的鴉片煙，不愁沒有銷路。很多馬部的老幹部知道詳細情形，對馬司令不滿的人都向上級告他的狀，就連沒有跟著搬到格致灣基地的何奇參謀長，到台灣後也上告了馬俊國的狀。罪名有好幾項，如草菅人命、私吞軍餉、走私販毒等。由於告發的人太多，一九七三年中央情報局不再讓馬俊國帶隊，把他調升為一九二〇區副區長，調返泰北回莫基地，以策劃軍事為任務。第三大隊隊長

（後左二）那文彬處長，彭述周總幹事約了想交往的楊太芬（前左一）、李鳳芹相見，王大炳（後左一）不知怎樣冒出來加入合照。

就由他的親信木成武接任，木成武除了接任第三大隊隊長的職務之外，還兼任著二八站站長。自從編隊後，原本還留在格致灣基地的部分通訊員和所有老幹部們，全都隨著隊伍北上，一九二〇區部也只在格致灣基地駐紮了兩年就遷移到回莫建基地去了。這時格致灣這個基地只留下一些還沒有結婚的女生由馬季思副隊長照顧著，陳啟佑台長負責與北上各單位和區部連絡，熱鬧一時的格致灣基地因而變得一片冷清。自從一九六七年十月我離開格致灣基地後，不到兩年的時間，陸續又有幾位女生對自己前途失望，以看病為由，各自離開基地不再回來。最初馬副隊長還派人去追查，以後沒有想再追究就此作罷。最後在基地中除了已和教導團隊男生們訂婚和正與彭逑周交往著的李鳳芹六名女生外，就只剩下兩名孤單的女生楊貴蓮和張貴秀了。與張貴秀交往著的尹載福，在編隊北上後就已回家結婚，消息還是部隊外的人替她不值而告訴她的，他們的戀情也就此結束。編為三大隊第一中隊的教導團隊，北上後常有機會和區部基本幹部聯絡，也常有機會與其他大隊隊員見面，參加過幾次集訓和會議後，了解到他們這群隊員只不過是些廉價召募來的雇傭兵而已。再怎樣努力從事每次定案的突擊大陸事件，拼命蒐集到多少有價值的情報，都不可能晉升為基本幹部，更別談會被調到台灣學習深造。他們出生入死的汗馬功勞，只是肥了那些原本就是基本幹部的高級官員。和區部與各情報單位的基本組員們的待遇和優惠，永遠都是天地之別。再多的戰鬥犧牲除了片面的嘉獎和慶賀外，並沒有得到片紙隻字的獎章。而且經費充足的單位只要有錢都可以買到他們需要的情報，不必像自己本隊人員一樣的非要拼命戰鬥，犧牲流血才能得到戰利品。馬俊國司令當初開始召募隊伍時，就早已知道從緬甸新召募到的隊伍成員，不可能晉升為基本幹部的，可是他仍然用這些謊言，不擇手段的去把他們這些天真的知識份子召募來。什麼大成學校，什麼送到台灣學習專業才能等，都只是一場騙局罷了。現在真相大白，這群知識份子還甘心情願的替他效命？在馬部一待就是近十年的歲月，這些歲月是否有價值？反共復國，救同胞於水火中？就憑著他們這幾支小小的游擊隊？簡直是以卵擊石，他們很灰心。就在有一次接到執行突擊命令時，大家都不願意接受，情緒爆發，吵著要反出馬部。大家灰心的說反出馬部大不了做流寇，在這片金三角地帶靠走私仍然可以生存下去。副中隊長楊國光眼看著隊友們情緒越來越激動，只要一個處理不當就會生變。他只能安撫隊員，要大家先冷靜下來，慢慢想辦法去解決這件事，激動中的行事往往會走錯方向。大家可以不再為馬俊國效力，但也不必流落到要做流寇的地步。最後楊國光提議把這件事先呈報到區部，看區長怎樣替他們處理，至少在這裡還有比馬俊國更高的官員。當時任區長的鄧先生已被調回台灣，由一位杜先生接任，與大家互動得並不是很親切。為了安撫這隊情緒激動的隊伍，杜區長只好下令停止任務，讓這隊隊伍先到駐南寧站的第一大隊報到。當時第一大隊隊長吳同謀也兼任著五一站的站長，他有獨立作業的權力，李副隊長也是與大家曾經一起受訓，相識近十年的老朋友。吳隊長接受了這隊情緒激動的隊伍人員，先安置到他的大隊裡，把這場將引發暴動的事件安撫下來，第一中隊的教導團隊就此脫離馬俊國的第三大隊。馬俊國調升副區長把第三大隊的棒子交給木成武後，依附在第一大隊尹載福的第一中隊的隊員們感到驚慌，官官相護是中國人的本性，而且到目前為止，也一直還沒有得到杜區長對他們要如何安置的告示。又聽到吳站長任期快滿，將調回台灣，就向吳站長報告請假和請調到別的單位，吳站長准許了好幾個基本幹員請假離隊，也安排了隊員的調離。副中隊長楊國光早已請准了假，只是放不下隊員們還沒有離開。一直等到吳站長把隊員們安排妥當他才離開隊伍，離開與他同甘共苦、患難相依了十年的弟兄們，第三大隊的第一中隊，這隊當年滿懷理想抱負投筆從戎的知識青年，教導團隊就此解散。

由於台灣中央部源源的補給，緬北滇、緬邊界一帶地區游擊隊和情報局的活動非常活躍。只要有錢沒有買不到的情報，收集到重要的資料。很多外圍的人員們只要替情報處收集過一次資料，都到處去炫耀他是大陸工作處的情報人員。這當然影響到真正分散在緬甸各城鎮的工作人員，但這也是沒辦法的事。而留守在安全地帶的高級幹部們，花錢就能買到所需要的資料和情報，外圍的人喜歡炫耀就由他去炫耀，只要不是隊中的人員，影響到他們的工作問題就好。他們很舒服的享受生活，花錢如流水，宴會派對不時在舉行，帶給萊吉山、賀嘎山、葉庸等一帶地方的繁榮和熱鬧，什麼大小生意都好做，當時的大陸工作處名氣非常響亮。當然基本幹部中也有不少人員抱著為國為民革命心願的人，卻抵不過中央政府調來調去的人事波動，強龍是壓不過地頭蛇的。前線一帶的游擊隊員們在邊界雲南鄉鎮，同時也一直在進行著突擊和騷擾的活動。馬俊國把第三大隊的棒子交給木成武，但是木成武只擔任了一年的時間，一九七四年他就把隊長的職務交給陳仲鳴，然後返回泰北去了。就在這年，中共因受不了游擊隊一直在邊界的騷擾，一面強力壓迫緬甸政府告上聯合國，一面聯絡而且支援著在這一帶活動的緬共強大隊伍，以緬共軍隊之名配合著去攻打游擊隊駐守的各地營區。就在攻打蒙章一帶蒙哥陣營時，陳仲鳴、木成龍、李正和駐守著的支援中隊李成棟隊長全部陣亡，這次的戰役非常激烈，死傷慘重。第二大隊接獲消息趕來搭救，緬共軍才撤退。能逃脫的逃脫了，逃不掉的也被俘擄，如果不是第二大隊趕來搭救，這隊隊伍定會全軍覆沒。經過這次慘烈的被攻打事件後，士氣大為低落，逃離隊伍者眾多。木成武只做了一年的隊長，機警的他就把職務交給了陳仲鳴，逃過了此劫難。而倒楣的陳仲鳴接任隊長後還沒嘗到甜頭就一命嗚呼了，真是時也命也該受此劫難。同年駐守在萊吉山的情報站也遭受緬軍的強力攻打而敗潰，戰敗後隊員們戰死的、被擄的，也有一些逃脫的。幸運的是當駐守在萊吉山的情報站收到蒙哥戰敗的消息後，就已先把眷屬們全部撤離送往城市中，才沒有受到這波戰火的傷害。經過緬軍的攻打，萊吉山的情報站也就此瓦解，藏匿分散在各城鎮的工作人員也大部分被抓。緬甸政府上告聯合國說台灣派軍隊侵占緬甸國土，而中共軍聯合支援著緬共軍，以緬共軍隊的名譽，以保國為由用強大火力攻打游擊隊各駐守區，泰國政府也在此時決定與中國大陸建交，不能再借國土讓台灣送補給到邊界游擊區。幾件事件都在這一年中一起發生，這年真是滯留在滇緬游擊隊最悲慘，四面楚歌的一年。就在這些壓力下，滯留在滇緬一帶從事了二十多年反共復國的游擊戰，從此走進歷史，中央政府做了最後一次的部隊撤台。基本幹部願意撤台的跟隨撤離，不願意的就地資遣。非基本人員的全部就地資遣，槍枝武器交由當地自衛隊或出售自便處理。這時留在泰北格致灣基地還有八名女生，區部撤台時曾向馬俊國提出讓這些女生跟隨撤到台灣，但是他不答應，理由是這些女生早已有對象，不能拆散他們，於是想回台灣的女生也就失去這最後的機會。馬俊國讓張貴秀去留自主，她離開基地到曼谷報館工作了兩年後，返回緬甸她密支那市的家，不久就因病去世。楊貴蓮跟著隊伍返回緬甸後，因為一些原因，在當地自衛隊中做了兩年電台工作，也回家結婚了。我們在格致灣基地學電台的十幾名女生，

年紀輕輕就去世的張貴秀。

只有楊貴蓮一人還實用了幾年，其餘的女生只是在浪費國家資源，浪費自己的青春罷了。部隊解散後格致灣基地又變成一片荒山野嶺，由台灣支援的部隊就此煙消雲散，在泰、緬邊界的這片原始山嶺上落幕。

打著接受台灣支援補給的孤軍西盟軍區，因為一批熱血青年的加入，在滇、緬、泰北邊界，轟轟烈烈的延續了十多年的壽命落了幕，但是滯留在泰北的孤軍並沒有全部落幕。堅持不接受台灣中央政府支援的三、五兩軍，仍然在泰北邊界上演著孤軍的事跡，艱苦的在為生存奮鬥著，為泰北邊界的安定持守著。直到一九八一年二月中旬，泰國政府邀請三、五兩軍協助政府軍到清萊省，考可山和考牙山地區參加攻打泰共的戰役，剿掃泰共的戰役成功。當時三、五兩軍人員雖然傷亡不少，卻得到泰國政府視以正規軍的照顧，傷者給予就醫和傷殘津貼，亡者給予撫卹金，讓他們的子女得到照顧和培育。也陸續開放眷村村民的子女們申請國民身分證，年長者給予合法居留僑民證。有了合法身分

作者重回泰北居住於熱水塘新村，與子女們住的一間小茅屋。星期日主日崇拜後與宣教士石榮英（左一）和教友們攝於家前院子裡。左二為作者，右一、二和前排蹲坐的兩名小男生為其子女。

證，有能力培育子弟的家庭，讓子弟們接受到高深教育。沒有能力培育子弟深造的人家，也有到各省城找工作發展自己事業的機會。年輕的第三代漸漸在泰國站穩住腳步，開創了自己的事業。洗去了泰國人對孤軍後裔用「今或」（野蠻的中國人）的稱呼，贏得他們的佩服與尊敬，孤軍這個名稱結束。孤軍在金三角上演了三十多年的戰鬥史，終於正式謝幕走入歷史。

一九六七年底我離開泰國回到緬甸與侯福林組織了家庭後，不願再涉足於緬北邊區一帶的任何情報組織。雖然當時有人邀約侯福林為他們收集情報，被我堅持反對而作罷。在部隊的經驗一次也就夠了，不必再去為任何隊伍效勞。雖然如此仍然免不了與部隊中朋友們的交往，尤其是一開始就生活在一起的教導團和通訊隊員們，所以對西盟軍區的事和同學們的遭遇變遷並不是完全不知道。對於譚國民的陣亡，也感到很痛心，但是這些都是在游擊隊中不能避免的事。一九七八年我短短十年的婚姻劃上了句點，但是結束不了的是對兒女們撫養的責任，於是我又來到了泰北。第一次到泰北來的時候，我抱著滿懷的理想和熱情，為的是希望能達到自己的理想抱負，結果失望而返。這次我也是抱著滿懷的理想和希望，為的是要讓孩子們有求學的機會。因為專權政策動亂不安的緬甸，沒有好環境能讓孩子們好好求學，尤其是我們拿著外僑身分證的居民，行動處處受到限制。來到三軍眷村熱水塘新村後，幸運的遇到我中學時的老師沈思傑，當時他在一

當年中、泰文部合校一新中學的舊址。

一新中學新址，作者與一位同事合照。

新中學任代理校長。在他的勸解開導中，遂接受了他的建議與安排進入一新中學任教，眷村教員的生活雖然清苦，卻達到我能照顧著孩子們就學的願望。因此，當泰國政府准許眷村村民申請國民身分證時，我同樣受惠與孩子們都申請到了身分證，在泰國合法定居下來，也有讓孩子們赴台升學的機會，達到他們到台灣深造的理想，完成我無法達到的希望。

初稿寫於二〇〇〇年

修改完成於二〇一三年二月二十日

【時代的痕跡】

楊國光

一、軍旅生涯的序幕

一九六一年，絕對是緬甸華僑史上最震撼和悲慘的一年。以國防部長尼溫將軍為首的一群緬甸軍人，發動了一場軍事政變，強奪政權，施行所謂的緬甸式社會主義路線，查封沒收了全國所有私人開設投資的公司、工廠及外文學校，強制推行國有制度。全國霎時風雲變色，處於一片悲哀淒慘中。尤其是華僑廠商們，他們投注了一生的辛勤經營和心血所集，頓時化為烏有，生活精神都陷入困境。稍有國外關係者又再流浪他國或回歸反共基地台灣，遷離不再讓人有安全感和安定生活的第二故鄉，甚至因受不了這場政變打擊者而結束生命的也多有所聞。緬甸經濟的發展，社會的繁榮，原本全靠著這些肯吃苦耐勞努力經營的僑民身上。這場政變不但於外僑無益，對本國人民也全無益處，反而造成緬甸數十年來的內亂和經濟上的困乏。新政府對外又採取封閉政策，更讓國勢每況愈下，民生凋零，衰退不振。但是軍隊首領們卻仍然沉迷在權勢中，以少數軍人組成的革命委員會為最高權力中心，強行統治。在各區域的民族之間又搞肅清分化運動，以削減其對抗政府的力量。於是原本擁有兵力的邊界民族土司官紛紛成立自衛隊來保護隸屬自己的區城領域。但是各民族之間雖有反抗軍的組成，卻沒有一位名孚眾望的共同領導人。反抗軍各自為政，彼此間互相猜忌，師心自用不能合作，致使混亂的局面更加混亂。唉！大好物產豐富，民風淳厚的天府之國，因為人的爭權奪利而淪為今日的落後地區，在國際舞台上的聲譽一落千丈，真乃可悲、可歎、又可惜的情境。

當年我們正是一群年少輕狂不識愁滋味，滿懷熱情理想的青少年，居住在緬北一個名叫當陽的山城。當陽！就如它的名稱，山巒層疊，秀水繚繞，它不但風光旖旎，而且人情味豐富，鄰里之間雞犬相聞，守望相助，每逢節慶廟會，大家都踴躍參與，不論那家有婚喪喜慶，居民都會放下手邊的工作熱情襄助。每年春節，是青少年們最期盼的日子了，滇劇社、歌詠隊、舞龍舞獅團，至少也要在山城中熱鬧上半個多月。只要你在當陽城居住過，無論你離開它多久多遠，總難忘懷那純樸而又富有濃濃鄉土人情味之地。定居在此的先輩華僑們在胼手胝足極度艱難的開闢山村中，也創辦了一所「華僑中學」

讓子弟就讀，期盼子弟們勿忘先賢，勿忘祖國，並發揚傳承我中華文化。在熱心華僑教育和關心下一代品德的地方父老出錢出力，或義務擔任教職的悉心經營下，二十多年不斷擴展興建，由國小而國中至高中部，「華僑中學」已是緬北一所頗具規模和知名度頗高的學府，具備完整學歷又熱心教育的師資培育出不少的知識青年。其中一位趙一弘老師是我最敬佩的，曾任國軍營長的趙老師在大陸淪陷後輾轉來到當陽城，就將他的一生奉獻在教導培育子弟上，孜孜不倦，數十年如一日。從學校開辦起始至結束，趙老師都身歷其中。他不但是學校的支柱，也是村中最受人尊敬的長者。緬甸的政變，華僑中學亦難逃此劫受到查封。我們這群浸潤在幸福中的青年突遭此變，措手不及之下都感到茫然，真不知何去何從，看不到自己的前途在何方。

那年代除了有各地方民族革命軍，有受緬甸政府任命組成的地方自衛隊在邊界活動外，更有一支特別的隊伍存在著。那是一支借他國養兵，期待反攻復國的前國軍。他們退至泰、緬、寮國邊區，處身於緬甸政府鞭長莫及被稱為金三角的地帶，從事活動。這批義軍以泰、寮兩國邊區作為後方補給、訓練基地，以滇、緬邊區作為反攻復國的跳板，據傳言是接受著國民政府的支援，在這一帶地方活動的滇邊反共救國軍。一九六四年初，我們這群正處於徬徨焦慮，慌亂和無所適從而情緒激動中的青年，因為一個機緣和自幼就被灌輸的愛國心所驅使，就與當時滇邊反共救國軍馬俊國司令所領導的「西盟軍區」取得聯繫開始了緊密的接觸。我們派幾位同學與馬先生本人面談，想要投靠他的隊伍為國效力，並請他協助部分已申請赴台升學的同學能完成赴台升學的心願。得到馬先生當面的承諾，我們遂計畫組織了投向理想的行動。這行動震撼了全緬華僑子弟，一時之間風雲四起，各地青年爭相投奔，各地不斷失蹤的青年引起了緬甸政府的注意和防範，但卻阻止不了大家投奔的熱情。因為時日太過倉促，讓我們這群初出茅廬的領導人未能做好妥善策劃，造成很多青年誤入他途的遺憾事件。

二、南下泰北受訓

進入「西盟軍區」後，我們被安排住進一個叫帕當的撣邦小村寨馬部的臨時營地，那是一個很美麗的小村寨，山水明媚，當地村民善良熱情。我們的聯絡員不斷引領新成員前來報到，馬先生高興極了，緬甸局勢的變動是他的好運帖。望著這批學生，一群知識份子，這是他帶隊以來從未有過的事。為讓學生們適應，他把我們整編為一個隊，隊長與各層幹部全由隊裡產生，並組成文康小組籌辦各種活動，於是戲劇、歌舞、體育等在各組的籌備下展開各種競賽和表演，他也安排了一些基本軍訓和政治幹部課程讓我們學習。晚上的讀書會由他來親自督導和分享心得，我們又回到學生時代，無憂無慮的學習、玩樂，心中對未來充滿希望，生活在不斷的驚喜和探索之中。我還記得有這樣一段小插曲，每天清晨集合全隊做一些體能訓練，每天晚上由長官或隊長集合全隊做一天生活歸納和精神講話，被通稱為早、晚點。剛來到的新同學由於不知情，聽到了早點的集合聲，趕快帶著碗筷跑出來集合準備吃點心，弄得大家哄堂大笑，知道他會錯了意思。

可是這樣的日子並不太長，為防緬甸巡山的軍隊探查到我們的駐地，隊伍必須經常遷移，帶著幾十名手無寸鐵，又無作戰經驗的學生，時常遷移實在不方便也容易引來危險。為了需要有一個安全的環境讓我們接受完整的軍事訓練，馬先生決定由軍區的軍事教育長官木成武師長率領第一批學生南下泰國邊區。七月中旬，木師長就帶領著我們第一批學生由師部隊伍護送南下。這是一段一個多月的長途行軍，是我們這群學生前所未有的經驗。帶領一群毫無行軍經驗的學生長途行軍是個艱鉅的任務，要應付各種錯綜複雜的軍事行動和提防緬甸軍隊的追蹤，都得靠指揮官的智慧和經驗，稍有差錯就會造成無法挽救的傷亡。在大雨滂沱的雨季，我們每天都弄得灰頭土臉、狼狽不堪，有時摔得四腳朝天，有時又來個餓狗搶屎般的前撲，狀況百出。好在大家年輕，士氣高昂，絲毫不以為苦，在大家互相嬉鬧中反而自得其樂。記得有次要經過景東城南邊一個叫小猛布的村寨，因為當地有緬甸軍隊和拉胡民族自衛隊駐守，向來對各族反抗軍都極為敵視，師長帶著我們這群手無寸鐵，毫無作戰經驗的學生，當然不敢強行通過，只能繞道並趁著一個月黑風高的夜晚來個急行軍以求避過。第二天整日滂沱大雨，要涉渡的猛布河因山洪暴漲，難以渡河，木師長不敢讓隊伍在河邊久留，吩咐大隊人馬大家手拉手組成三排人鏈，由師部隊員牽引強行渡河。渡河的這二十幾分鐘真是險象環生，體力較弱的人和女生幾乎是被強拖著走，也有因滑倒被混濁的河水灌飽，有幾個女生甚至經不起急流的沖擊被大水沖開，被老隊員救回的事，真讓人驚心動魄，幸好第三排人鏈全由一批經驗老到和身體強壯的隊員組合，才得以避免悲劇發生。我們有過在大雨滂沱山林中的露宿，也有過糧食耗盡須採摘野菜、挖掘摘取農民餘下的農作物充飢的經驗。一個半月翻山涉水經過重重困境的行軍後，我們終於抵達泰北萬養眷村後山的一個傜族的村寨。那時西盟軍區在泰北尚無落腳基地，商請得到前國軍退駐於泰北的三軍軍長李文煥先生的同意，暫借在其轄下一個叫帕亮的營區住下，做為我們暫時的停息和訓練之地。

我們到達營地稍做修補的工作和休息，就開始了為期六個月的正式基本軍事訓練。這次的訓練和在帕當村時的初步訓練完全不同了。被整編為教導團的我們，雖然兩個連及一個女生政務隊的帶隊職官仍由隊裡產生，雖然團隊裡仍然舉辦一些康樂活動，氣氛卻完全改變。上課時的嚴肅和認真，操場上的體能軍操，才兩個禮拜就讓大家吃足了苦頭，兩腳酸痲，全身疲累達到了教官形容的拉屎扳樁的地步。兩腿僵硬得蹲不下去，蹲下去了又必須借助拉樁的力量支撐站起來，這種辛苦是我們從未曾嘗試過的。我們的基本軍訓排有戰鬥教練、游擊戰鬥法和政治課程，政治課程裡又安排了三民主義、總理遺教、保密防諜等。這和學校裡的生活完全不一樣了，雖然教官們用靈活的講述和生動的操演來授課，大家學習的情緒並不很高，只有週末的軍歌教唱是大家最興奮的時刻，大聲的唱，高聲的喊以舒發心中的鬱悶，思念家和親人的心情興起，情緒常跌入低潮。等待吧！等待訓練期滿，等待到馬司令南下，那時申請著赴台升學手續的同學、希望能一展抱負的同學，一定都能如願。馬長官答應過我們，他一定會為大家做妥善的安排，這是大家的期待。

六個月的集訓期間，我們教導團隊發生了三件事情，這三件事的發生都有牽連性。第二連四位正副排長，沒有透露一絲消息，一天晚上安排了一個執行夜間衛兵勤務時悄悄開溜。直到清晨，早點名還沒人吹起床哨，被木師長查覺，隊部才知道這四個人不見了，師長派他的隊員去追也沒追到。不久，楊星善收到他赴台升學的入台證件，他進入部隊時他的家長曾特地去拜見了馬司令請求協助，於是在同學們羨慕和祝福中到清邁去了。可是一個月後在大家對他的思念還沒冷卻時卻突然返回，我們七嘴八舌的追問原因，才知道這一個多月裡他只是在清邁馬長官的弟弟家中，根本沒人帶他去辦理赴台手續，他在人地生疏、語言不通，又毫無辦事經驗中只是待在清邁，五老爺卻一拖再拖的敷衍著，直拖到期限過後就把他打發歸隊了。我們聽後都悵然若失。三天後，又有三位隊員和師部的一位隊員相約開溜，但是他們這次行動就沒有前四位那樣的幸運，當天下午就被師部隊員追回來，三位同學因師長體恤網開一面。師部那位隊員就沒有這樣的好待遇，從此我們就沒有再見過他。這三件連貫事件的發生帶給我們學生莫大的心理影響和衝擊。我們祝福離開的人能夠順利達到升學心願，也體諒並安慰被追回來的人能平復失望的情緒接受現實。第一梯次的六個月集訓結束了，我們都成為鬥志高昂的游擊戰士，有著如毛澤東所寫的「數風流人物，還看今朝」的壯志豪情，也有著南宋岳飛「精忠報國」慷慨赴義的決心，那些心裡存著赴台升學夢想的同學因回台無望也勇敢的面對了現實。

三、興建基地「格致灣」

第一梯次的集訓結束不久，我們接到了期待又興奮的訊息，馬司令準備帶領著第二批同學南下，我們的訓導長木師長要帶隊北上接應。副師長翟恩榮接替帶領我們的職務，並負責尋找開闢一個屬於自己基地的任務。因為大批隊伍南下，不便再寄人籬下，開闢自己的基地是當務之急。翟副師長在多方探查後，遂敲定在離馬鞍山村下半個多小時路程距離，一個飛起宛如飛龍名為「格致灣」的山嶺做基地。木師長離開後，他也帶領著我們這群不再是學生的隊伍，離開帕當村向著目的地開進。把軍、師、團及各營隊劃分好營區後，派了幾名精幹的隊員協助我們這批新手，進行開闢整建的艱鉅工程。我們先依山形搭建了一些簡單的草棚住下，分配好各連隊負責區後就開始動工，要趕在馬長官未到前把營地建築完成。大刀、斧頭、鏟子、鋤頭、十字鎬、鋸子是我們的工具，渾身蠻力和幹勁是我們的本錢。遍山的竹、木就是我們的建材。兩個多月後，一個嶄新壯觀的軍事基地的輪貌，終於在群山環繞、雲霧縹緲中呈現。那一群年少輕狂不知愁滋味的學生，就在雙手長滿厚繭和血泡中消失了。我們遷入教導團隊新營區的那天時逢端陽節，翟副師長特別犒賞加菜金聚餐慶祝。當天我喝醉了，失態的大聲哭喊著：「媽媽！我對不起妳。」也許是太過思念親人，又感慨著屈原一生志不得伸而投江自盡的委屈。也許潛意識裡有著此生已奉獻國家，不能再在母親身邊侍奉盡孝的愧疚吧。我的舊我在對母親的呼喚聲中逝去。醒來後感到汗顏慚愧，決心戒酒以免再有失態的事情發生。不久接到馬司令即將到達的消息，要我們放下建築營地的工作，準備各種歌舞表演和球賽運動，來迎接長官和同學們的到來。大合唱、戲劇、舞蹈和球類的排演和練習中，卻沒有再喚醒我的舊我，因為在物質極度匱乏的情形之下，我們絞盡腦汁克難籌備道具的情況中，我更瞭解並看清處身之境。長官已到達萬養眷村的消息傳來，我們教導團隊就整裝下山會合。

萬養村是泰北邊境的一個小村莊，依山傍水，村子的四周種滿了各種種類的果樹，居民都是第三軍和我軍的眷屬和退休的前國軍軍人，以務農和飼養家畜維生。有著小本經營的雜貨店和小吃店，也有穿梭在邊區各村寨跑單幫小生意的人，是受著泰國政府政治庇蔭下的難民村，因為寄人籬下，行動範圍受限制很大，雖然有著很多不為人知的辛酸，但生活還算安定。只要有中國人群居之地，必會興辦華文學校，這是中國人最了不起的地方，尤其是在這些邊城的難民村。我們到了萬養村住到村郊野地上，表演的場地在村中的學校操場裡。這次的演出非常成功，我們前後兩批學生都排練了很豐富的節目。尤其是籃球的競賽，不但雙方各有人馬，萬養村也有球隊參加，連附近的合肥、光華和熱水塘新村都派球隊參加這場友誼賽。這在當年的難民村是從未有過的盛舉。三天的活動中，無論是球賽和晚上的歌舞表演，村民們都熱情參與和同聲讚揚。在結束大會上長官特別給予表揚，村中父老看到我們蓬勃的朝氣和克難精神也感到前途有望。馬司令和木師長的家都在萬養村，他們稍作休息與分別的家人團聚，並派我們的隊伍為地方修橋補路，替學校另外開闢了一個籃球場。我們也與來到的新知舊友敘談別情，大家興高采烈，互相勉勵，大談未來的希望，命運既然把我們連聚在一起，我們就要好好珍惜，肝膽相照的攜手共度未來的日子。

回到基地後，象徵首領的司令部，平整寬闊的大操場和司令台，還有可容納千人集聚的大禮堂和各隊部的營房和教室都已建好，雖然簡陋，但卻明亮整齊。第二階段的集訓開始了，因為有寬廣安定的新基地來容納這大批人數，訓練的班次也有了新的安排，通訊隊、士官隊和兩個新兵大隊。我們這批受過第一梯次訓練的隊員，除了加入通訊隊的隊員外，都被分派到各訓練區隊做分隊長和教育班長，去各隊部協助，也有分配到司令部、師部或各處室學習文書參謀工作的。雄壯的軍歌和嘹亮的口令在格致灣上空飄蕩，壯盛的軍容和飛揚的氣勢讓我們血脈振奮。明天是我們的，我們是國家的棟樑，肩負著救國救民於水深火熱的重責大任。多純真高尚的理想，這意志鼓舞著我們，讓我們信心更堅強。訓練期間還數次有來自台灣的黨部和國防部派的專員前來視察校閱，屢獲肯定及讚揚，聲稱我們是全亞洲最慓悍的特種部隊。這些肯定讚揚讓我們更加自我肯定。

這次的集訓期中又發生了一件讓我最悲痛的事。和我從小一塊長大的知己夥伴明正忠，在一個星期天的假日，到師部去吃飯後竟然夜不歸營，讓我們感到無比的震驚和疑惑。在這被肯定和讚揚的時期裡，在我對他深切的瞭解中，他絕對不可能逃離隊伍，只可能發生意外，不祥的感覺在我心中擴大。明正忠曾在一次幹部會議中向長官提出，他對目前這些集訓並不滿足，請求長官能保送一些傑出人員赴台深造，學習高深軍事技能，他擔保大家學成之後必會返隊服務，但卻被長官當場否決了。明正忠的夜不歸隊讓我不禁往壞處去想。向司令部報告時得知當天早晨他與兩位師部隊友上山打獵，與他們走失了，這時木師長才知道他還未曾歸營，我們請求師部協助尋找，如果他不小心出了意外失足落山或發生其他事故，我們的即時尋找一定能救助他脫困。徹夜搜尋後的第二天中午，在一個陡峭的山溝裡發現的竟是他死狀悽慘的屍體，大家失聲痛哭。怎麼可能發生這樣的事？

「正忠，你那樣年輕有為，戰技學術都出眾，是我們隊中的佼佼者，你並非夭折的相貌，怎麼就這樣不告而別的走了。我們還需要你在一起為我們的明天，為國家的希望去奮鬥。太可怕，也太遺憾了。」我內心傷痛的呼喚著，整個人都麻木了，腦中一片空白，完全不能接受擺在眼前的事實。

千辛萬苦的把他的屍體從陡峭的山溝中移到山谷一片較平的地面上，還沒等馬司令來到，師部隊員就已把他的遺體埋葬了。原因是明正忠是回教徒，按照回教的習俗，意外身亡的人，遺體是不能隨意搬遷和停放太久，隊中的回教長老那處長為他誦經超度以後，遺體就地安葬。一堆黃土就此掩埋了一個滿懷壯志的青年。來到現場的馬長官也只能悲痛的安慰大家。

「我們最優秀的明連長已經走了，我們不能防止意外發生，但希望大家化悲痛為力量，繼承明連長的遺志才是對他最好的思念。」

「安息吧！我們的好朋友，我們會完成你的遺志，努力的向著前面的標竿前進。」大家圍著他的墳墓哀悼告別。

後來我曾數度到他的墓前追悼思念，也曾請馬司令查這件意外事件發生的原因，疑點雖然重重，卻難找到事實真相。童年的記憶一幕幕在腦海中出現，進部隊後的情景也一幕幕在眼中出現。時至今日雖已過了四十多個寒暑歲月，我仍對這件意外的事心存疑惑不解，對他的誠摯感情也依舊懷念。但是這些疑惑只能隨著部隊的解散埋進再也沒有人煙變成草叢的格致灣基地，再沒有人去追悼他的墓地裡，隨著大自然的變化而淹沒了。

四、北上突擊大陸行動

北上滇、緬邊區執行任務的時刻到了。第一批北上隊伍由翟副師長率領他的部屬與我們重新編整了隊伍的教導團先行出發。經過戰鬥訓練的我們雖無戰鬥經驗卻再也不是菜鳥，輕裝實彈的隊伍經過無數的艱難險阻，一一化險為夷的抵達緬北猛央鎮北面的一個阿卡民族村寨駐紮下來。因距離準備突擊區僅數日行程，為防消息走漏讓中共敵方有防備。在任務實行前我和王立華團副仔細的研討任務方案，分派好任務和人員的編組，並擇定日期。王立華立意爭取此任務的帶隊官，我卻擔心這第一次任務的危險性，就以半命令半央求的方式說服他由我帶隊。我瞭解深入敵境執行突擊行動，在當時我們備有的條件下，無異是以卵擊石，必抱著九死一生有去無回的心意前行。但是這本是我們的職責，為了報效國家，雖視死如歸，義無反顧，卻也必須謹慎而行，我體諒他和我的爭執。一切定案後，由馬麒麟主任負責文書和通訊作業，配合著我們團隊離開了大隊，輕裝向大陸邊境邦桑鎮前進。我們偽裝成當地反抗軍以掩敵人的耳目，抵達距邦桑鎮約二日行程一個叫東里的擺夷族村寨，做為臨時的指揮中心。馬主任即前往拜會駐紮在南營區的撣族反抗軍總部的首領桑相，與他商談借助之事。透過他隊伍的管道，重金聘請到一位常來往於滇、緬邊境，居住在一個拉胡村的村民李老三擔任嚮導，他對我們要突擊的目標地孟連縣非常熟悉，駐軍分佈狀況和道路都瞭如指掌。我帶領著執行任務的隊員當即整裝出發。我向同在團隊的弟弟和幾位同村老友托付，如果我不幸壯烈成仁不能回來，請告訴媽媽，說我已赴台升學，千萬別讓她知道我的噩耗。弟弟看著我傷心的哭了，生離死別的悲痛，難免不叫人心酸。大家與我熱烈擁抱，含淚道別，不用多餘的言詞，那緊緊的擁抱已道盡彼此心意。懷著悲愴而又興奮的心情向目標挺進，一路上日宿夜行，避開人煙，當到達邊界線看到標著「中國領土」的界樁時，我們忍不住互相擁抱輕呼：「祖國！我回來了。」那激動又振奮的心情，彷彿久別的遊子，看到了母親慈祥又溫柔的容顏，迫不及待的要投入她的懷抱。我們要攻擊的目標是離邊界約五小時行程的孟連縣，縣外郊區駐紮著一個加強排軍力的哨排隊。距離哨排隊陣地約五百公尺處有一間貿易合作社，我們還與李老三開玩笑的要他隨心去拿物資。我安排黃自強連長率領一組隊員攻擊右側，王興和副連長攻擊左側，我與李燕忠排長負責正面攻擊，金老四副排長安排殿後接應，如果明日中午各攻擊隊不見回返，即時撤離回指揮中心報告。當晚夜幕低垂，天空正飄著濛濛細雨，我們立即分頭繞過村莊，避開田園向著目標前進，約定時間一到，槍聲大作，手榴彈、燒夷彈轟炸聲震耳欲聾，夾雜著敵軍的槍聲和呼喊聲我們向前衝去。在火光槍聲中我振奮異常。不到半小時，敵軍即倉皇向後方潰逃，我興起欲追擊敵軍以全數殲滅的念頭，但清醒的一絲意念告訴我，追擊殲敵並不在進攻計畫中，敵方援軍有可能在三十分鐘內抵達。為顧全隊伍的安全避免造成重大傷亡，我即刻下令撤離戰場與殿後接應的金老四排長會合，大隊迅速向邊界撤退。清點人數，隊員一個不缺，大家歡呼慶幸圓滿達成任務。事後檢討這次行動成功的原因有三點：第一點、因為滇邊反共救國軍太久沒有在此地區活動，使敵軍疏於防範。第二點、敵方知道馬俊國司令隊伍南下泰北尚未返回。第三點、我們行動迅速，偽裝成功，給予敵人迅雷不及掩耳的突擊。我們達到了讓大陸同胞知道尚有這樣一支為解救同胞、反攻復國的反共救國軍存在，並且一直在滇邊奮鬥著的效果。根據情報得知，我們這次行動殲敵二十餘人，排長陣亡。壞消息是敵軍全面封鎖邊界，加強防備，爾後我們的工作必會更為艱難。總而言之，我們這次任務全無傷亡而輕易成功全屬幸運，我們不能自滿輕視敵人，以後應該更加強訓練及有更周詳妥善的計策。

與大隊會合後繼續向北推進，尋覓下個任務的目標。隊伍抵達了位於所牙江邊的所牙村寨暫留。這個村寨居民非常複雜，有擺夷族、卡瓦族、拉胡族及阿卡族。卡瓦族、拉胡族與阿卡族多半散居於各山嶺，擺夷族則居於平地村寨中心，每五日一次市集，各民族在市集當日都把成熟的農作物及獵到的獵物帶到市集中販售。也有做小生意的漢人用騾馬馱運日常生活物品到此交易，所以每至市集日所牙寨都非常熱鬧。各民族的青少年在當天都穿戴著他們各特有風味的服裝到市集湊熱鬧，尤其是少女們打扮得更漂亮。我第一次看到鴉片煙就是在這裡。褐色又粘粘的煙土，帶著一股濃烈刺鼻的腥辣味公然的擺在市集上售賣。滇、緬邊界原始山嶺一帶土地貧瘠，農作物的收成並不好，但是卻非常適合栽種鴉片，因此村民們差不多都栽種鴉片做農作物來售賣。而那些來販賣日用品的小商人就零星收購後把它一小包、一小包合併處理成固定大小的鴉片煙包，再以高價轉售給專收鴉片煙的煙商，或直接馱運到泰北販售給更大的煙商。商人們與居民們就地議價，也有用物品交易，這在當地是最現實謀求生活的必然現象，大家並不感到奇怪或覺得有違法。我看著這些情境深深感嘆，買賣中的人也許並不知道這些鴉片煙運送到泰北製成嗎啡或海洛因後會荼毒社會，會有很多人受害，會引起多少家庭破碎和社會問題。

我們選定距所牙村寨約兩小時行程叫卡博的卡瓦族村駐紮，等待馬司令到來並蒐集任務所需的資料。在這期間也派遣過多組工作小組和訓練當地民眾潛入敵後，有長期潛伏者，有運送補給器材和經費的臨時僱用人員。我們搜獲到不少情報，當然也有人員因身份暴露被捕，或往返中遇到敵人盤查而壯烈犧牲者。革命本就是用鮮血來成就的事業，同志之間朝夕不見已是司空見慣之事，我們雖免不了有傷感和惋惜之情，但卻阻攔不了我們勇往直前的決心，經過一年多的磨煉，我們不再是一群初出茅廬的菜鳥。

馬司令到達卡博寨之後，因全軍集聚聲勢太過浩大，引起敵方戒備，邊防均增加兵力。為防未然，長官決定把司令部遷至江西岸，有一江的天險之隔，敵方縱有行動也較為困難，我方也較易於防守，翟副師長的隊部與我團仍駐守於卡博。不久，我團接到一個大規模突擊行動的命令，我們選定大陸孟連縣邊境的雙象村排哨站為目標，經過周詳計畫與安排，這次任務由王立華團副帶隊，我遂與王立華團副、作戰官王興富及陳濟民、楊崇文、晏發寶、譚國民四位排長擁抱握別，祝以好運，目送他們帶隊消失在黑夜中。他們走後的三日裡我食不知味、寢難安枕，擔心煩躁的等待著，漫長的等待到預定好的時間卻不見他們歸來，第二天情報員帶來了全軍覆沒無一倖免的不幸消息。這是個晴天霹靂的消息，沉重的擊傷了我們。全團陷於一片沉寂哀痛中輕聲啜泣，雖然明知突擊任務是危險行動，可是與親如手足的他們永別，怎能不傷心悲痛。團長率領大家默哀追悼他們的英靈安息，他們已求仁得仁為國家盡了本意。並率隊沿邊境巡查，期待尋獲渺茫的一線希望。爾後情報中得知，他們進入邊境後已被敵人發現，設下陷阱讓他們撲入空營，即刻四方圍剿，第一波槍戰後，王立華、王興富與譚國民三人即陣亡，弟兄們也多有損傷，奮力突圍又被重兵圍困，聯絡被截斷形成各自為戰的局面，第二天突圍的隊伍又被敵軍搜索追擊，除了數名士兵因重傷被俘外無一生還。這種壯烈誓死不屈的精神，聞者無不動容，這場戰役我軍雖覆沒，敵軍也付出慘烈代價。我望著對岸心中發誓定為他們復仇，接續他們的任務永無反顧。經過整頓和人事的更迭，我教導團只剩下一個連的兵力，但仍然駐紮在卡博寨與共軍做小規模的殊死戰。中共因不堪擾亂而向緬政府施壓，要緬甸軍隊出兵鎮壓其邊境以杜後患，於是緬甸即派出一個師的兵力渡過薩爾溫江向邦央、嘎萊、卡博、孟央、景棟等我軍散佈的地區開進。當時帶隊官翟副師長被調離他任，又由木師長接任。我軍不願與緬軍為敵，獲知緬軍至邊境消息時即撤入深山避其鋒芒，緬軍也就虛應故事的佔領我陣地做一番渲染向中共交代，嗣後又恢復原狀。一次我因任務到司令部時得知馬麒麟主任與錢滄瀾台長等多位戰友，在一次執行任務途中的孟央壩子邊與緬甸軍隊遇上，因躲避不及而遭圍剿人員傷亡慘重的消息。馬主任傷重不治，臨終前尚念念不忘與我教導團相處的那段友誼，聞之不禁黯然，殊為傷痛。感慨的想著如果當時有我隊同行，也許能避開此不幸。又一位可敬的長官棄世，願他的英靈沒有含恨，得到安息。

北上三年多後，所有經費與後勤補給因運輸的困難告罄，只靠長官們透過關係向民間有心人士及地方友軍週轉借貸維持，兄弟們的軍服由長變短，因為袖管和褲管都被剪下來縫補肩頭、手肘、臀部、膝蓋等容易磨破的地方，每月四十塊緬幣的零用金已數月未發。生活用品全用盡，只能克難的用煮飯後的柴灰水漿洗衣。有煙癮的弟兄們只能向村民討取生菸葉，自行焙乾切絲以解饞。我們互相標榜這特製的「紅奇士」煙絲是天下極品，也戲謔越來越短的軍服更具有男性氣概，物質生活極為艱苦，大家都在苦中作樂以振奮士氣。夏天還好，到了冬天就更苦了，沒有禦寒冬衣，只能生火披上毛毯來取暖，苦中作樂的士氣不知還能振奮多久。南下泰北的命令終於傳來，我們必須回到基地接受整編。木師長帶領我教導團先行，大隊分批南下。

五、南下泰北整編

抵達格致灣基地前，我們稍做修飾，大家換上那一百零一套還能穿上身的軍服，洗淨了翻山越嶺行軍的疲倦，列隊向基地的營門走去。留守在基地的馬季思副司令帶領著基地的全體官兵和女政工隊已在大營門口列隊歡迎，把我們當凱旋歸來的英雄似的歡迎著。聽著女同志們甜美親切的歡迎聲，我們心中充滿了感動和溫馨。慰問聲中我望著天空憑弔那群壯烈犧牲的戰友。我們回來了，但願他們在天之靈也受同感。離別數年，人事的變遷很大，景像也大異於前，我們歸來的隊伍中消失了很多的舊面孔，也增添不少新面孔。留守基地當年的毛頭小子變成英勇的軍人，醜小鴨的黃毛丫頭也出落得標緻可人。不過女同志已所剩無幾，大多數都已在隊中覓得良緣嫁為人婦，也有一些離開了部隊。基地下方也建立了眷村。我深深為女生們獻上我的祝福，願這些革命伴侶們幸福美滿，白髮偕老。

基地對面的山嶺上，又開闢了另一個新地區，那是由中央國防部從台灣派駐的一九二〇區，區長是以前曾來校閱過我們西盟軍區的鄧先生。他是一位雄才大略雄心勃勃的領導者，也是滇邊工作組的最高指揮。在區部的策劃和推展下，大陸工作將會以全新的企劃和更具規模的武裝與中共周旋，最令我們興奮的是我們不再是孤軍作戰，有了中央政府的參與和認同。我們不求榮譽，只為伸張正義和國家永續的犧牲奉獻得到了肯定和接納，終於被編制為正規軍的一員。這趨勢鼓舞著我們更能奮勇的赴戰場，展現我們盡忠報國的抱負。西盟軍區被編為第三工作大隊，下設四個中隊，我教導團編為第一中隊，下轄三個分隊。一切人事盡量精簡，以符合游擊戰鬥體制的需要。並且安排一些新的觀念和課程，由國內不斷派遣的各類軍事專業人員來訓練，他們投入了我們的行列並跟我們討論與敵方實戰的經驗，一切又是新的程序開始，整個基地籠罩在蓬勃向榮的朝氣中。由於工作不能中斷，我部工作隊以輪流整編、裝備和訓練的方式進行，整編訓練後一批又一批的陸續北上。短短年餘間，部隊在緬北迅速壯大，各站、組和各大隊的指揮部即已布滿滇邊沿線，大有與敵一較勝負，再度逐鹿中原的氣勢。北上後，執行了多次突擊和破壞任務，同志們難免多有犧牲陣亡和傷殘的。藺汝剛的犧牲讓我又陷入了悲傷，他臨行前告訴我，這次任務後，準備請假返家結婚，因為母親已為他物色好對象，身為長子的他必須回家完成老人家的心願。是啊！我們已是將年近三十歲的人了，必須要有妻兒接續香煙了。我為他欣喜，可是心中卻隱隱興起一陣不祥的感覺，他的感嘆語氣讓人聽了不舒服。果不然，這次行動又全軍覆沒，在他們誓死不降中又無一人生還。我的心在流血，戰爭的殘酷也剝奪了一位母親的心願，依門而望的母親再也等不到她愛子歸來。

我隊駐紮的薩爾溫江岸的那告村，是當地擺夷族反抗軍布萊伍的轄區，指揮部則駐紮於離那告村約二日行程的業庸寨。我隊部因經費裝備的南下北上運輸補給常需要與各民族反抗軍接觸。這時民族反抗軍情勢又變，緬政府為分化並利用各地日漸壯大的反抗軍，特准各首領在其管轄區內以武力編制為地方自衛隊，不但默許隊伍護送和經營鴉片煙到泰國販賣，還給予些許的物質補給。於是邊區握有兵力權勢的草莽人物和投機份子紛紛向緬政府投靠建立地方自衛隊，爭權奪利，互不相讓，常因私利和鞏固其地盤而撻伐，讓那些真為革命組織的反抗軍也失去了方向。緬甸政府這招可算是達到分化民族反抗軍的計畫了，可是這互相撻伐的地方勢力的這個爛攤子又將怎樣收拾？我見到這些情形之後，實在感嘆和惋惜。我軍與這些地方勢力雖沒有直接利害衝突，卻必須和他們不斷周旋。不過這對我們也有好處，只要給予一些經費和軍器的方便，我軍也常得到各地方自衛隊的協助，甚至找到與緬軍協商的機會。我軍在必須時常南下北上的往返路途中，須經過卡瓦山首府戶邦鎮，鎮中有一團邊防兵的緬軍駐紮著，開始我軍常繞道而過，後來得到地方自衛隊的協助與緬軍商議，竟得到可經戶邦鎮穿過的允許，給了我軍很大的方便。爾後我軍也曾數度在戶邦鎮鎮郊暫留時與緬軍團部有直接會面晤談，表明我軍只是借其國土作為復國跳板，對其領土主權並未有侵占意圖。這位團長對我們竟然有很深的瞭解，只是礙於職責不能過度放鬆。我們以魚目混珠的方式生存行動時，他也會半聾半瞎的視而不見。我們私下與緬軍團商議得到方便才兩、三個月，滇邊情勢又有了新的變化。中共因不滿意緬甸政府對邊界我義軍鎮壓的不力，敷衍了事的態度，就藉著各地方自衛隊成立的趨勢，支助了幾隊卡瓦民族成立「緬甸人民軍」的武裝隊伍，並選派一些精幹人員到大陸內部受訓，專為反制和對付我們而來，也附帶指導這批緬共軍隊逐步蠶食緬甸的方案。我們在這混亂的緬北又有了新的敵人，雖然目前這批新的敵人尚不成氣候，但中共會盡一切手段助其成長，讓我們在邊界的反共運動更陷入困境，難以認清敵友。我們必須有妥善的應對方案，未雨綢繆才行。

在一次奉命回返區部做短期的培訓中，我帶領了幾名挑選出的隊員和第一、二大隊的部分同志一起南下，一大隊由葉辰文副隊長率領一個分隊和受訓學員，二大隊由中隊長段茂昌帶領其分隊與受訓學員，由從台灣派來的幹才葉副大隊長擔任此行動的指揮官。行軍前本來議決由各隊輪流擔任前鋒，但是後來認為我隊較能掌控行進路線與各種突發狀況，就決定由我隊全程固定擔任前鋒。一天夜行軍越過景東鎮北邊有緬軍駐紮的董達防區公路邊後，因大家都極度疲累而在一個阿卡寨停下休息，第二天拂曉我即命王芳副分隊長帶領生病的隊員先行，大隊亦隨後跟進。我們急速穿過村邊田野向山區前進，行走了大約二十分鐘的路程，轉入右側有一高嶺的山彎，突然槍聲大作，槍榴彈、四〇迫擊炮齊至，我隊遭到了埋伏。我帶著弟兄迅速掩至山邊路坎死角即刻還擊，和李德超研判地形後，決定繞道至敵人背後向敵人還擊。第一波槍戰聲稍歇，我們迅速衝出火網掩至敵人側背，這時先行通過的王副分隊長也聞聲返回夾攻，敵人沒料到我們行動如此迅速，在三面猛烈火力夾攻之下，二十分鐘的槍戰後，敵人留下數具屍體倉皇而逃。因為肩負任務，我們並未趁勝追擊。清點人數後，我隊僅有潘汝先組長腹部中彈受傷，幸無生命之憂，數名隊員輕傷，於是再整隊前進。抵達基地後，鄧先生親來嘉勉慰問，安排受傷隊員就醫，擔任前鋒隊雖倍加艱苦，但完成任務又得上級嘉勉，大家也就得到欣慰和鼓舞了。

六、廉價的雇傭兵

我們第三大隊隊員不斷的接受到更高深的軍事訓練與新的觀念和知識，上級為培訓新的幹部人材，在當時一切不足的情況下，教官們確實已盡心竭力盡其所能的傾囊傳授，使我們受益匪淺。全體學員更珍惜這難得的機會認真學習，也為我們分駐各地、隸屬不同單位的人能共聚一堂成為互相幫助互相勉勵的同學而高興。尤其對我們的訓練帶隊長葉辰文副大隊長，他那儒雅堅毅的性格和平實的作風讓我們印象深刻。我們在這次短短的幾個月集訓期中，卻建立了深厚的友誼。

不過這次與不同單位難得碰在一起的各隊人員在一起集訓，卻讓我證實了一直疑惑的事，為何我隊與其他單位有著不同的待遇？原來我們這些大隊並非大陸工作隊的基本人員，只是一些臨時雇傭兵，一些用廉價雇來的亡命之徒而已。當你付出生命的代價後，合約即終止。沒有權益，沒有保障，和區部那些基本幹部人員的待遇有著天壤之別的區分。我們這些被稱為幹部的只是一個好聽的名詞而已。我心中不禁悵然所失，我們所求的真是這樣？我們本來就是一無所求的把生命奉獻給多難的國家。但是國家一定要用這些制度化的區分來打擊我們的熱情？還是用制度化才能運作革命的行動以達到目的？讓我實在疑惑不解，止不住心中的失望。我不敢向我的隊員表露絲毫的失望情緒，乃本著初衷與他們在一起學習，但是這時我們的領導階層卻起了變化。鄧先生被調離返台，由一位杜先生接任。他是一位嚴肅而一絲不苟的人，和鄧先生的親切隨和完全兩樣。也許他是個更懂得運用制度化來帶領工作隊，讓工作隊更能順利進行任務的人。但是這刻板的觀念對我們邊區生長和受教育的人來說，是件不容易接受的事。缺少了親切隨和的領導，就不能與我們達到默契建立起那種原始革命的感覺，也就是那份人與人之間的相知及信任。雖然在一次又一次的集訓中知道制度化的部隊是必須要建立的，國家行政的穩定都需要制度化，才不會淪為私人的產物和工具，但是異國邊界的工作能用制度化來達到成功嗎？這種情感與理智的矛盾使我心中形成莫大困惑，久久不能釋懷，這些真相大概也不能瞞過那些精明的同學們吧。畢竟我們都不再是當年懵懂無知的青年，我們已在大時代的磨練中長大。

七、雇傭兵悲哀的結局

離開格致灣基地北上回到駐地不久，又一次接到突擊大陸命令，這次的計畫是較為大規模的突擊行動，由第二中隊隊長翟恩榮擔任行動指揮官，我帶著第一中隊及我的輔導長楊星善和二分隊長王邦榮帶領的隊員配合著第二中隊隊員執行。我們集合研究分配好任務即向目標挺進，我們的目標是大陸雙江縣邊界約二十分鐘行程叫做賀牙鎮的共軍連部。途中須渡過所牙江，翟恩榮隊長遣返了輜重的騾馬隊，隊伍輕裝前進，經一日兩夜的晝伏夜行，目標在望。根據以往經驗研判，我軍如突擊該連，共軍必會繞道至邊界攔截。於是翟隊長遂令王邦榮帶隊向共軍連部進攻引敵，他與我在各敵軍必行之要道埋伏狙擊，楊星善輔導長在緬境做接應。二十分鐘後不論勝負即撤離。果然不出所料，槍響後十分鐘敵軍就到達我們埋伏地。槍聲就如爆米花般響起，轟隆聲震破夜空，劃亮大地，狂風暴雨般的爆炸聲已分辨不出槍聲的間隙。槍彈的亮光中因為是近距離的槍戰，我們清楚看得到敵人倒下的身影。我忘了自身安危，紅著眼只知道不停射擊。敵人的倒下發洩了我的情緒，能夠消除我心中的憤恨和不滿。十多分鐘的激戰後翟隊長下令撤退，敵人似乎已無力追擊。與楊星善會合撤至安全地帶，清點人數，全體到齊，我們又絲毫無傷的贏得勝利，組長趙偉民和組員楊立貴還獲得了沾有敵人血跡的 AK47 步槍二支。返抵大隊部，當然免不了一番熱鬧慶祝和表揚。

時光荏苒，隨著突擊任務，我們在這些峻嶺惡水間瞬息已渡過十餘載寒暑，青春也隨著流失。環顧身邊四周，昔日一起入伍的同志如今已所剩無幾，有陣亡的，也有請假探親不再返回者。十餘年的山野生活讓我們更深嘗待遇的不公平。雖然我們當初志在報效祖國，無怨無悔的獻身革命，一無所求，一無所爭。但是受到不公平的待遇讓我們心中難免不平，我們也需要得到軍人基本應有的權益。我們的戰鬥犧牲除了片面的嘉獎和慶賀外，沒有得到片紙隻字的獎章，只肥了那些高層的領導者，安全又不費吹灰之力的升了官、發了財。人都有虛榮心和企圖心，我們也想得到這些雖虛榮卻實在的嘉獎。這些疑問和陰影不斷在我們的腦海中擴散，再也看不到前途，得不到保障，對未來興起一片茫然的感覺。但是我們的部隊長官卻忽略了這個問題，他認為我們的經歷已成熟到能自我解決這些心理的障礙。這危機終於在一次接獲要我隊再執行一次較大突擊命令時爆發，我隊的幹部們不願再做無意義的犧牲，無意義的戰鬥。群情激憤，堅持要離開馬先生。甚至有些更激烈的提議占山為王，找尋出路，既然理想破滅，就該為自己，就算拼死也值得。以當時的情景而言並非絕無可能，但擔負的後果卻非常嚴重。我本身當然不願意意氣用事，我向大家曉以大義，身為國家軍人，不能背棄長官，更不能叛國，在生命中留下不能抹除的汙點，同時也可能會引來被圍剿的嚴重後果。但是大家並不接受我的勸導，仍然激憤難平。

「我們並非國家正規軍，只是些隨時都能丟棄的雇傭兵而已。這並不叫做叛國，我們只是為自己的前途打開另一條生路罷了。如果你顧慮太多不願再帶領我們，我們會另選隊長帶隊，要賣命也為自己賣。」

眼看以我的能力想要挽回此突發情勢，安撫眾怒，已無可能。如果不跟隨著大家行動雖不致招來殺身之禍，也會被他們遺棄，可是我怎忍心帶著大家走上叛離的這條不歸路？幸好到當陽城去探親的輔導長楊星善和三分隊隊長李曉明返回，及時安撫了大家憤怒的激情，婉轉勸阻大家再冷靜商討今後出路。最後大家同意先報請區部上級，表明我們的心態。區部長官為安撫我們這些隊員的情緒，批示任務暫停，隊伍先到駐南寧站的一大隊報到。於是我帶隊渡過薩爾溫江，向西岸的一大隊報到。一大隊大隊長吳同謀是五一站的站長，有獨立作業的權力。副大隊長李繁枝先生和隊中輔導長及多位參謀職官曾是我們受訓時的教官和同學，相識十年，對我隊都有很深認識，他們都能體諒我們不滿的苦衷，因此化解了不少猜疑，把這場將爆發意外事件的情緒撫平下來。雖然大家的這個情緒沒有引起嚴重後果，但是人心士氣已然崩潰起了離心。不久幾位重要幹部相繼請長假離隊，我卻因責任未了必須對留下來的隊員們有所交代而留下，看著和我一起出生入死了十多年的弟兄，怎忍心在此時棄他們而去，讓我愧對他們終身。雖然我向吳站長呈請的假單已獲准批下，我仍然在等待著把弟兄們安頓好的時機到來。過不久，吳站長把我這批兄弟們安頓好了，准於請假回家的，願意調往其他單位的，我這一中隊的人就此分散，而吳站長也任期屆滿被調返回台。彭先生接任後我即向他呈上准假單卻得不到他的允許，謂之他剛接任我即求離去是否太過分。我向他陳述我的處境和心情請他諒解，他見我去志已堅決，只能同意。彭先生為我安排了一個外派連絡員職務的名稱讓我離開。我　從此脫離了十幾年的革命生涯，雖然我感到有著無比的輕鬆，卻也有很多的惆悵，那麼多年所熟悉的環境和人事，年輕時立下的雄心壯志，都將在我未來的生命中抹去。壯志未酬的無奈心情，真不知要如何排解。

八、走進歷史的緬北大陸工作隊

一九七五年五月，就在我離開部隊的一年後，因為緬共軍聲勢的壯大和彈藥補給的便捷，也因為中共壓力下緬甸軍隊配合的圍剿，再加上不是很能守信的地方自衛隊常敷衍的配搭，不但突擊大陸的任務無法進行，而且再難自保。在不斷受到緬甸共軍和緬甸政府軍的夾攻下，大陸工作隊的隊員犧牲慘重。再加上泰國政府要與中國大陸建交，不能再借國土給台灣國民政府為補給後方站，工作隊眼看大勢已去，無法再在泰、緬一帶工作下去，只好下令撤台。在當地雇用的雇傭兵就地資遣，大陸工作處在緬北的武裝部隊就此劃下句點，走入歷史。被資遣的這些雇傭兵隊員，有些又加入各地方的自衛隊，有些回返家園重做緬甸赤化後沒有生活保障的居民。我雖身在局外，沒有目睹參與這場讓人絕望又傷痛的最後結局，但是從那些回返隊員們的描述中，也不難想像其中悽涼和無奈的景況。隨著緬甸局勢不斷的轉變，有些自衛隊被編為幫助政府剿除緬共的敢死隊，有些自衛隊投入泰北邊區被泰政府雇用編入剿苗共（泰共）的前鋒敢死隊，下場均慘不忍睹，緬北自衛隊的歷史也就此終結。

噓唏！這段偉大的時代已然結束了，但是多少年輕的生命投身於這個洪爐中，多少白髮的爹娘已失去心愛的孩子，誰該負起這個責任？誰是這事件的始作俑者？只能歸咎於不幸的時代吧！再多的恨、再多的怨、再多的嘆，也扭轉不回我們生在這個無情時代的命運。而且這段大時代中小人物的故事，數十年後還有誰會記得？

我離隊後不再與組織聯繫，部隊解散後也不想再參加任何隊伍。雖然隊友們一直前來邀約，我卻已無此意，只和一些朋友經營一些小本生意。在赤化了的緬甸只要做生意，一定是走私的，走私必須心狠手辣，斤兩必爭。我因生性耿直，計算不精，加上時運不濟，幾經起落後一賠再賠無法再經營下去。灰心失意下向朋友們籌借到旅費，帶了妻小於一九八四年來到台灣。初抵台灣之時，看到的全是一樣的中國人面孔，聽到的全是熟習的語言和文字。不再有被盤查身分的困擾，不再有被質疑你行蹤的搜查。內心激動又欣喜，有了回家的感覺，這該是我可以安心長居的地方。雖然身無一技之長，又無高深學識和經商的資本，卻有著四處林立的工廠，有讓你出賣勞力的地方。我不再有雄心，也失去了壯志，能求個安定的生活於願已足。在一家塑膠工廠任作業員轉眼十載，為求得到更多的酬勞，也趁著還有健壯的身體，足夠的體力來出賣勞力，轉業做建築工地的水泥工。到台灣已近二十寒暑，每日默默的為生活付出，所有的稜角和傲氣已全被歲月磨平消失殆盡。如今我只是個帶著滿身創傷和挫折的六十餘歲老人，一個垂垂老去的生命。

今天我用生疏不流暢的文筆和雜亂無序的記述寫此文章，並非想留名或討什麼公道，只想為那些為時代付出生命和為理想奉獻半生的同志們留下些微的痕跡。直到今日，我們這些倖存的同志們，不論身在何處，不分男女，大家都有著緊密的聯繫，只要聽到舊友自遠方來，身居緬甸、泰國和台灣當地的同志，尤其當年同時進入西盟軍區的同學們，都會熱情的招聚集會話當年。不分貧富，沒有利害，只為追憶當年的那段生死患難與共的歲月。這些真摯的友情記載了我們當年赤誠、執著，無視自身安危、無視個人價值，為國為民的奉獻做了最有力的見證。

二〇〇四年五月二十七日 完稿

附錄

看了國光兄寫的〈時代的痕跡〉這篇準備刊登在他們當陽城：華僑中學在台校友會刊物上的文章初稿後，深為感動。不擅寫作的他能有層序的，而又情文並茂的把這段回憶寫出來實屬不易，可見埋藏在他心中的這些史實，在他的生命中有多大的衝擊。我向他要求把這篇文章也加入我的這本回憶錄中，並且能讓我稍微修飾整理一番，他答應了。國光兄為人心胸寬大很會體恤初進部隊的我們，彷彿是一位疼愛弟妹的兄長，雖然他的年齡並不比我們大多少。他離開部隊後學習做些小生意，但是不會斤兩必較，分文必爭的他做生意當然沒成功。記得他到泰國來做生意時，在熱水塘新村找到我，看到我生活拮据的情形，完全沒有考慮到他帶去的貨物是否賣完，是否賺到了錢，立刻就從身上拿出一些錢給我，讓我非常感動。

我們都定居在台灣後，當然會常常相聚，尤其有泰、緬的同學們來台遊玩時，他不要做召集人，卻盡心盡力的配合我們的聚會，從不缺席。他永遠是我們喜愛的好朋友。去年六月他生病住進醫院，我們幾個老友常到醫院或他家中探病，安慰鼓勵他，希望他能恢復健康和我們一起享受老友歡聚愉快的晚年歲月。然而今年二月底，卻接到了他女兒的電話通知父親過世的消息，我們都悲痛萬分，他終於抵抗不過病魔的侵襲，以七十的年歲劃下了生命的句點。當年我們一起南下泰北的教導團隊中的六位學生領導人，除了不與我們聯絡的尹載福不知近況如何，只知他也生病了外，其餘的五人都已過世。生老病死是人生必經的過程，不是人力所能自主的，雖然感嘆，也只能接受。在我們人生的過程中雖然並沒有立下過什麼豐功偉業，做過什麼轟轟烈烈的大事，但卻接受了大時代給予我們的熬煉，為我們平凡的生命中加上了繽紛的色彩，我們已無愧對我們的生命、我們的時代。站在設立於榮總醫院懷恩堂他的靈位前，看著他安詳慈和的遺照，我不禁潸然淚下。前塵往事都湧上心中，捨不得離棄。安息吧！國光兄！雖然陰陽兩隔，我們永遠都會懷念著你。

二〇一三年 修整完稿

楊國光。

楊國光與楊太芬和楊淑芬在旅遊時合照。

【西盟軍區的女婿】

陳啟佑

我是泰國華僑，家住在泰國東南部無棟省靠近寮國邊界的一個小縣城。十九歲那年因為邊界寮國共產黨（又稱為馬共）的猖獗，而離開家鄉到外縣城鎮去，想看看與家鄉不一樣的世界，體驗一下不同的生活。那時滇、緬、泰與寮國邊界駐紮著好多從大陸撤退滯留在這一帶，沒有撤到台灣的國軍隊伍。一九五七年，二十歲的我在朋友的牽引下，參加了設立在泰、寮邊界湄公河一帶，駐紮在當沃寨的雲南反共救國志願軍總部，當時是由柳元麟將軍為總指揮，我加入通訊特訓班受訓。通訊班結業後，總部北遷到撣邦江拉，我就在江拉總台實習。不久江拉總台開辦第二批通訊初級與高級班，我再進入高級班學習了一段時間，又加入參謀訓練班第二期學習辦理業務，畢業後派在總部第三台任助理台長。一九五八年初到五軍軍部猛龍寨接受第一次新兵典驗，下半年又到猛研寨接受了第二次典驗，正式成為基本幹部。一九六〇年奉總部命令離開總部第三台，到南卡支隊做台長。為了發展隊伍遂，跟隨著石炳麟隊長北上卡瓦山，到卡瓦山城鎮營盤街，與卡瓦王子二嗎哈見面商談合作事務，這是我第一次到卡瓦山，體驗到了與撣邦不一樣的民俗風情。

卡瓦山是一片緜延數千里的原始山嶺，地勢險峻而地質貧瘠，每年栽種的稻穀糧食並不夠食用，卡瓦族人生活在貧窮和半開化的日子裡，民族性非常慓悍凶猛，打起仗來不顧生死。各山寨村民常因爭奪食物或獵物，引起戰爭而有傷亡毀寨的事情發生。一九六〇年前也常有往返於卡瓦山區做生意的馬幫，只要落單脫了隊，就會被殺死砍去頭顱用來祭稻穀地以求豐收。當年到卡瓦山民族各村寨傳福音的外國宣教士也常常被殺，後來經過宣教士們不斷的犧牲努力，和緬甸政府與滯留在這一帶的國軍薰陶和協助下，改善了民生問題後，王族後代很多子弟接受了教育，甚至有送往歐、美受教育的，漸漸的外界人士才能與卡瓦民族的人民溝通，和他們講道理大義了，殺人頭用來祭稻穀地的事件也漸漸消失。國軍為了要在卡瓦山駐留發展部隊，必須要先與卡瓦王子二嗎哈聯絡協調好，得到他的允許合作才能辦事。我們第一次與二嗎哈王子見面時，王子非常熱忱的招待我們，雙方談好了條件後，就舉行簽約儀式。他把我們招待坐在他旁邊的貴賓席位上，拿起一個滴了公雞血的大酒碗，喝了一口酒後，就吐了一口痰到酒碗裡。他把這個酒碗交給他的祭師，他的祭師依樣葫蘆後，酒碗就交到石炳麟隊長的手上，這樣一人一口酒一口痰的輪流了近十個人圍坐的一圈，轉到了王子手上，王子再喝了一口酒吐了一口痰，交給了石隊長，石隊長也再喝了一口酒吐了一口痰後，就把酒碗交到祭師手上。祭師接過酒碗念念有詞的祝禱過後，把酒向天地祭拜，簽約儀式才結束。這對年輕的我來說，真是一個非常特別的儀式，聞所未聞，見也沒有見過的新奇事。酒碗傳到我手上時，雖然感到非常噁心卻不能不照做，還好我只輪到一次，不像石隊長必須喝兩次。第二天二嗎哈王子要我們買幾頭水牛準備好，祭師要卜卦。一位戰士用鏢槍射向水牛，以水牛倒下的方向來卜卦。開始水牛被射倒下的方向不是頭不對就是腳不對，直到射倒了七頭水牛才出現好兆頭，准許中國人的隊伍駐紮進卡瓦山活動，發展隊伍。這七頭水牛花了我們近千元老盾，在當時來說確實是一筆很大的數目，不過花了錢我們達到了目的，也讓當地的人們有了口福，有一頓美味的牛肉可以飽吃。就在六〇年下半年，馬俊國赴台向政治部報備，被當時任職政治部總主任的蔣經國先生調回泰國駐守，成立「滇西行動縱隊」並任司令職位。他接到我們已在卡瓦山獲得卡瓦王子二嗎哈的允諾，讓部隊駐紮活動的消息，就派他的得力助手翟恩榮帶著僅有二十多人的隊伍，北上卡瓦山發展召募隊員。在卡瓦山召募到的隊員大多數都是卡瓦、拉胡、黎索等一些山地少數民族，連漢語都不會好好說，更何況是識字的。不久我被調派到金場寨做情報員，來往於卡瓦山區各村寨之間聯絡收集情報，到達過卡瓦山駐有緬甸政府官員和軍隊的最大城鎮戶邦鎮，見識了不少山地各民族不同風味的民族風俗習慣。這段期間馬俊國司令也北上到了營盤街，他把翟恩榮召募到的百多名隊員的滇西行動縱隊，更名為「西盟軍區」。

我在卡瓦山各城鎮、村寨到處遊走了大約半年多的時間，又被總部調派到滇、緬邊界長青山一帶，果敢民族居住的果敢區。果敢民族的先輩原是由雲南邊城鎮康、耿馬一帶縣城遷移來的，有些是為避戰亂，有些是為求生活。他們自成一國，有自己的一套管理方式、法定規條和制度，也有自己的軍隊武器。原本不屬於任何國家管治，直到中、緬、印度三國規劃國界線時被劃歸緬甸後，才成為緬甸國民。雖然如此，緬甸政府卻鞭長莫及，並沒有派政府官員去管治規劃，任由這批國民自生自滅，政府如有任何需求最多也只是到達薩爾溫江，與撣邦、卡瓦山和果敢區交界的三江口滾弄鎮商議。緬甸政府的國民小學也只開辦在滾弄鎮，商業貿易全都設立在滾弄鎮，至於深入內地的新界城寨等一帶地區，外界人士是很難進入的。果敢民族說的話是漢語，開辦的是中文小學，如要升學的有錢人家的子弟，就會送到臘戌市或皎脈縣一帶大城鎮中讀書。我被調派到新街城的金昌街做情報組長，並兼任果敢十中隊蘇文龍大隊長的協訓教官。半年多的時間大家相處愉快，只發生過一件不愉快的事。那天在我隊中辦伙食的副食官小桂芳到新市去採辦伙食，因為果敢區的這些市場每五天才趕一次集，賣一些蔬菜肉類和生活日用品，平常的日子裡有錢也買不到任何東西的。老百姓人家自己種有菜蔬稻米，不必常常去趕集，我們就必須去買足五天的糧食，不然就沒有食物可吃了。我們幾個隊員空著肚子等小桂芳回來有東西可以煮飯吃，可是直等到黃昏才見他帶著空馱子回來。我很生氣的罵他去了一整天，竟然買不到任何東西讓大家挨餓。他哭喪著臉說他因為不懂當地規矩，為趕時間過營地時沒有下馬，被衛兵看到就不准他下馬去採買，直到趕集的人全都散了才放他離開，他能到何處去買食物？第二天我生氣的去找蘇文龍大隊長理論，打狗也要看主人面，他的衛兵竟然因為我的伙食官不懂他們的規矩而不准他去採買，讓我們大家挨餓。蘇大隊長聽了馬上把當日值日的衛兵叫來，嚴責一頓後還要鞭打體罰。我看了不忍心替他求情，體罰雖然免除卻被關了兩天的禁閉，我真為果敢部隊這種嚴厲處罰的軍紀感到恐懼，不敢再發任何言論。在金昌的協訓期結束後，我回到卡瓦山。不久駐紮在撣邦江拉的總部被中共和緬甸兩國軍隊聯手合攻而敗潰，我隨著馬俊國司令的西盟軍區隊伍南下泰北，到邊界柄弄寨住了不久，奉調至清邁省的國際機場做台長為總部聯絡撤台事務。總部撤台後我被安排到三軍軍部唐窩做情報局台長，配搭西盟軍區的木成龍台長一起工作，直到西盟軍區在格致灣建立基地通訊訓練開班時，接受馬俊國司令的請調到格致灣來培訓通訊員。格致灣第二梯次訓練開始，我任職通訊隊的隊長兼訓練官，並帶領分發在我隊中學醫務的直屬隊女生，在我隊中全體三十多名隊員半數以上我都認識。我早就知道馬司令因為緬甸政府查封外文學校後召募到一百多名的大批學生，當木成武師長把第一批學生帶到帕亮村受訓時，木師長曾讓他們分批到唐窩來和他們的同學會面。我很高興的招待他們吃午餐和他們愉快的聊天，所以我們之間並不陌生，他們確實是一批優秀的知識青年。這次由我來帶領他們，師生之間更覺親切，大家相處得非常融洽。和這批學員生活在一起的這一年多，是我進入部隊中最愉快的一段時間。也許大家年齡相差不多，他們的知識水平也高，我又不對他們擺架子，課餘後我的隊長室變成了大家談天說笑的聚會場。這批年輕又無心機的單純青年，讓我單調的生活充滿愉快，我甘心樂意的把我的薪資拿出來添補在伙食上，讓隊員們吃得比較豐富些。

一九六七年中旬，一年多的通訊課程結束，學員們分批派到各地去實習了一個多月，通訊隊學員的學習結業，我的責任也結束。就在這年八月底，有感於通訊隊女生分隊長尹雲芳在這一年多的體貼照顧，年已三十出頭的我在馬司令的撮合下與她結婚，由馬司令主婚做了西盟軍區的第一位女婿。隨著一批又一批北上的隊伍，通訊隊員留在格致灣基地的已沒剩下幾人，通訊隊也就此解散，剩下的隊員都搬到司令部去了。二十多名女生們，結婚的，因不能外調去工作而請假就此離開的，最後只有七個女生留在司令部。我在格致灣基地直待到一九七二年，感到沒有再留下的必要就向上級請調，調到遷至回莫寨的區部做總幹事。總幹事的工作很辛苦，所有的雜務事都必須處理，採買、蓋房子，還要做司機接送區部人員往返於各單位之間。直到區部調派賽興強來做我的助手，工作才減輕下來。一九七五年區部受命撤台，我沒有跟隨撤離仍留在泰國，就被指派為駐守泰國業務情報員。我把家小安頓在清邁省，獨自到泰、緬邊界密洪算縣工作至一九九〇年，到台灣以中校官階辦了退役後定居於泰國清邁省。

回想自一九五七年參加雲南反共救國總部至一九九〇年退役，整整三十三年時光，雖然南來北往的被到處調派，奔波不斷，生活還算是穩定，沒有參加過任何戰役。和西盟軍區的那批學生比起來，參加到不同單位，就有不同的遭遇，我比他們確實是幸運多了。但是生長在不同的時代不同的國度裡，際遇就會全然不同，尤其是生長在最動亂的五〇、六〇年代，時代給我們的考驗是加倍的。我們渺小的個體改變不了時代的變遷，只能認命的面對，至少讓自己活得比較愉快些，心情也會開朗些，不去強求達到自己達不到的目標，人生本來就是這麼一回事。以我安份不爭功名擺架子的個性，無論調派到那個單位，都能與同事們和睦相處，尤其是與西盟軍區的那批知識青年和通訊隊的學生們，也許是娶了隊中的女生，大家對我都非常親切。如今大家都步入晚年，身體早已老朽，我還常與他們相聚，有幾位甚至成了我的好朋友。我深為他們當年投筆從戎滿腔的抱負卻達不到心願的事感到遺憾，也為學通訊的那些學員得不到外調的事感嘆。當年我只不過是一個調來協助培訓通訊員的教官，並沒有權力替他們申請外調，外調的權力全操縱在馬俊國司令手上，我真是愛莫能助。隨著歲月的逝去，我們在一起只能追憶往事，只能認命的接受時代加在我們生命中的熬煉，我們已努力過，成功與否，並不是我們的責任，我們無愧於我們的時代，無愧於我們的生命。

二〇一二年十二月十日

陳啟佑臺長與大家歡聚：前左一起：周嘉銘太太、周秀雲、陳啟右臺長、楊淑芬。後排左一黃元龍、周嘉銘、明增富。

【戰俘生涯】

陳德香

一九六四年六月二日，這是一個對我非常重要的日子，因為它是我二十一年生命的轉捩點，因為這個轉捩點，影響了我後半生的生命，改變了我對生命的觀念和為人處事的準則。

我原藉雲南省騰衝縣，家住清水鄉陳家寨。陳家在清水鄉是一個大家族，而我家在村寨中頗有名望，田地房產無數，家裡傭僕佃農成群，生活富裕，是不折不扣的地主階層。大陸赤化後，地主階層當然首當其衝是共產黨清算鬥爭的對象。祖父陳自傑被抓去鬥爭清算後就遭槍決，大伯陳紹楷在縣中重組的抗日縣政府張問德手下任科長，自然也被抓走而送入勞改營，民國五十七年受盡折磨死於勞改營。那幾年我們全家家破人亡、妻離子散，受盡痛苦折磨。民國五十年，父親與三位叔叔先後逃離大陸到鄰國緬甸，第二年在四嬸兄長的帶領下，母親帶著我們姐弟三人和四嬸一家四口也逃離大陸。經過一個多月的翻山越嶺，穿林涉水的逃亡日子，受盡艱難驚恐，幸運的是沒有碰到更大的凶險，終於平安到達緬北撣邦木姐鎮與父親會合。當時年已七歲的我，對中共加於我家的這些痛苦折磨印象深刻，在小小心靈中刻印了深深的傷痕。我們過了一段接受各親友接濟的難民生活，從小在養尊處優中過著少爺生活的父親終於下定決心接受親友的建議，開了一家命名為「生活洗衣店」的店鋪，帶著母親和姐姐洗衣、燙衣物出賣勞力維生。只有我幸運的進入當地興辦的華僑小學念書。兩年後我們搬到貴概鎮，父親有幸在貴概鎮華德學校求到一份教職，進入學校教書後，生活逐步安定改善。我們姐弟三人才能進入學校接受教育。不久，全家遷到蠻東山城，兩年後又遷到皎脈縣，父親進入皎脈緬北中學任教，直到民國五十八年祖母也由人護送逃離大陸。為便於照顧年邁的祖母，父親又帶著全家遷到南坎山崗板村的小學任教，這個一直搬遷的家終於暫時定居下來。

一九六〇年，緬甸局勢大亂，軍人推翻現任政府掌控政權，施行極權政策，軍人當政後，僑民逐步失去舒適的生活條件與華文教育。那時遠在邊城的南坎山波及還不算太嚴重。第二年，年已十八歲的我自認已成年又身為長子，該自力謀生替父親分擔家庭重擔，於是和幾位朋友到緬北東南部，莫谷鎮寶石場去開挖寶石，我們自成組織沒有投靠老闆。當年初掌政權的軍政府忙著在大城市活動，還來不及顧及到邊城。我們自己開挖寶石雖然辛苦，所得全屬於自己，在寶石場的四年中雖無大起，生活情況還算過得很好。後來隨著軍政府日趨穩定而使人民的生活更加惡化，邊城也受到了迫害。北部山地各民族紛紛入山組織自衛隊自救。這時一直滯留在滇、緬邊界流動的前國軍西盟軍區馬部，趁機到各地城鎮中召募聯絡不願接受極權政策統治的華僑青年子弟，投奔革命陣營。看著緬甸越來越惡化的政局，幼年時深印在腦海中受共產黨迫害折磨的傷痕又出現在眼前，成了我揮之不去的夢魘，讓我感到驚慌恐懼，遂起了離開緬甸，離開極權統治的念頭。我與曾在臘戌中華中學任教的陳南增老師聯絡上，就在一九六四年六月二日這天與友人李應宗悄悄離開莫谷鎮寶石場，我們從蒙明鎮搭飛機直達臘戌市，當時不敢乘車，因為乘車必須花數日路程才會到達臘戌市，如果被寶石場親友發現我失蹤，必會通知家人而被父母阻攔，當年血氣方剛的我感到前途茫茫時，認定目標後就會一無反顧的勇往直前。到達陳南增家中住了兩天，第三天天濛濛亮就與約定好的當地青年樊永壽、楊華昆、楊發源三人在陳南增家中會合。我們五人來到老臘戌城郊熱水塘山邊的村寨後，就由村寨中的擺夷人一個小村、一個小寨的送我們到達來接應我們的張副團長那兒，他在村寨後山叢林中等待著，我們碰面後就向著馬部駐紮的營地走去。經過三天的行程，到達馬部臨時駐紮的一個小村寨帕當村，這時營地裡已有六、七十位青年學生，甚至還有十多位女生。當時我們的興奮可想而知，有這麼多的知識青年投奔，我們絕對沒有走錯方向，投錯隊伍，感到前途光明，希望理想在望。

在帕當村經過一個多月的臨時集訓後，我們就被編隊南下泰北基地。我們這群學生被編為一個教導團隊，除了原任學生隊副隊長的明增壽和幾位同學（還有兩位女生）留下接應以後再加入的青年外，南下的教導團隊仍由原任學生隊隊長尹載福擔任，副隊長楊國光。六十四人的大隊組分為兩個連隊和一個女生隊。第一連由明正忠和黃自強擔任正副連長，第二連由王立華和楊廣敏擔任正副連長，兩連又各分組為兩個排隊，尹雲芳擔任女生隊長。編組完畢，教導團隊就由師長木成武、副師長翟恩榮與十多名師部隊員護送南下。當時七月中旬的緬北已是雨季，滂沱大雨和連綿細雨不斷。教導團隊都是一些入世未深或剛離學校的青年學生組成，既無原始叢林行軍，又無作戰經驗。帶隊的木師長當然倍感辛苦，他選擇了避開會與緬軍相遇的路線前進，一路上晝行夜宿，翻山越嶺，穿谷涉水的在原始叢林中走著。我們行軍還必須要自己搭灶煮飯，背負米糧，如遇緊急狀況時就必須夜行軍日夜趕路。最危險的兩次是涉水穿越薩爾溫江和猛布河，河水雖然暴漲，但為避開緬軍的追蹤只能犯難涉水。本來只需二十多天的行程卻走了整整一個半月，途中雖然也會在安全的村寨中休息兩三天，但是這番南下的行軍對我們這群在溫室中長大的青年學生來說，真是苦不堪言。到達泰北邊城芳縣三天兩夜的急行軍穿越芳縣大壩子更讓我們精疲力盡。天濛濛亮抵達泰國皇帝規劃給前國軍滯留建立村寨的地帶，在萬養眷村後山的傜族村寨休息下來。緊繃的精神鬆懈後，除了少數幾位隊友，其他人員都生了病。在軍中醫官忙碌的同時，我相信帶隊的木成武師長也能舒了一口氣，終於把這群手無寸鐵稚嫩的學生隊平安送達目的地。我們在這個傜族村寨整整休息了半個多月，隊員們身體終於康復。木師長又帶領著我們起程向著唐窩山九十三師三軍基地山谷下的一個名叫帕亮的小村寨駐紮下來。事後我才知道原來馬部在泰國北部根本沒有什麼基地，只是向三軍商請借到帕亮村讓我們暫住下來。帕亮村只有三、五戶三軍眷屬居住。我們借到的地方原是馬棚牛舍，都是些破爛待修補的房舍。師部隊員帶領著我們教導團隊砍竹、伐木的把房舍修補好後，第一梯次的軍訓在木師長與他的文教人員培訓下正式開始。我們的伙食很差，衣著被蓋都不夠暖，帕亮村冬季很冷，老隊友教我們上山割稻穀的稈子編成草簾子做床墊，大家把能穿在身上的衣服都穿起來保暖，又向村民家借到幾塊山坡地，利用下課的時間種些蔬菜來添補伙食的不足。六、七個月的訓練期中雖然穿插著一些受不了苦開小差被抓回來，或因赴台升學無望而悄悄離隊的小插曲，但始終沒有動搖過我參加革命的心志。

帕亮村中的軍訓結束後，木師長接到命令北上接應馬俊國司令和第二批學生南下。翟副師長帶領著我們教導團隊向著馬部已敲定的軍營基地出發。基地在離馬鞍山山下半個多小時路程的山嶺格致灣，我們從帕亮村走了三個多小時路程到達格致灣，那是一片茂密成林的山嶺，除了兩家三軍眷屬在山嶺裡烤酒、養牛外，沒有房舍，無水無路，都在等待著我們去開闢。當天下午吃過帶著的飯包，就動手砍樹枝搭了幾個簡陋的草棚安身。第二天，翟副師長和他的幾個隊員帶領著我們開始挖土、砍樹建屋，開闢營區基地的工事。在只靠著鋤頭、砍刀、鐮刀和一些自製的原始工具和雙手的努力下，經過兩個多月的開墾，在我們一雙雙柔嫩變為粗糙的雙手下，三間茅草竹籬的房屋和一間教室蓋好，還有一間廚房。把山澗的溪水用打通竹節的竹筒引渡到廚房，在山嶺上也有水可用，我們終於有了房舍可以住，不必再露宿草棚了。一片平坦可容千人上操集訓的大操場、集聚的大禮堂和一座司令台正在修整中時接到馬司令的命令，要我們教導團準備康樂活動節目到萬養村與第二批學員會合。於是男女籃球隊、合唱團、歌舞短劇的節目就在短短的十天中排練出來。我因為沒有運動和文藝細胞，這些活動都沒有參加。接到命令我們到達萬養村與第二批學員會合後，三天三夜的康樂活動雖只靠著簡陋的道具，卻在萬養眷村中表現得非常出色，吸引了四周幾個眷村都來參加，使籃球隊的比賽更添聲色。萬養村自建村以來從沒舉辦過這麼盛大出色的運動大會，轟動了泰北四十多個眷村。以後，男女生球隊常被邀請去參加籃球比賽。運動大會結束，我們回到格致灣基地開始了第二梯次的集訓，這時大操場和司令台等已由老隊員們開闢好。四百多人的隊伍在基地集訓，房舍自然不夠住，但是建造房屋不再是我們的事了。教導團的隊員這時卻已全部被分散，有參加通訊隊去學電台和譯電的，有學醫務的，有被調到師部、司令部、各處室做文書工作，也有被調到士官隊和學兵隊任教育班長的。楊崇文、楊積川、楊國強、晏發寶、王興富與我被調到士官隊。前後兩批一百多位知識青年分散得七零八落。跟在教導團隊正副兩位隊長身邊的只剩兩、三個隊員而已。一九六六年三月底，不到半年的集訓結束後，除了還沒結業的通訊隊和女生隊，大部分教導團員都回歸部隊，第一批北上隊伍由翟恩榮副師長帶著他的隊伍和我們教導團向緬北出發。我們這批青年雖然仍是一群沒有作戰經驗的菜鳥，但已接受過戰鬥基本訓練有了作戰知識。輕裝實彈的裝備和滿腔高昂的熱血，是一批反共復國的精英隊伍。我們到達滇、緬邊界卡瓦山各地遊走，很少長期駐紮在某個山寨。六月中旬，我們到達猛央鎮北面的一個阿卡民族村寨駐紮下來，準備第一次的突擊大陸行動，擇定日期後由楊國光帶領著黃自強、王興和、李燕忠、李老三、金老四與拉胡村一個熟悉路線的帶路人整裝向著目的地出發。這次的突擊非常成功，燒毀了駐紮著的一排連隊營區，幾間倉庫和一個邊界貿易合作社，達到破壞目的後楊國光並沒有趁勝追擊敵軍，天色未亮就帶領著小組組員安全撤退。事後檢討作戰情況，我們勝利得非常僥倖。第一點：共軍雖然知道有這樣一批反共部隊在滇、緬邊界活動，但向來都沒有什麼軍事活動而疏於防備；第二點：是我隊行動迅速，偽裝成功，在迅速的突擊下而得到勝利。隨著隊伍的遷移，我們到達所牙江邊的卡博寨駐紮下來，這時馬司令也已到達卡瓦山區營地。十二月第二次的突襲行動已計畫妥善，由王立華帶領著晏發寶、王興富、楊崇文、譚國明和我六人小組加上一位當地帶路人，十四日向著大陸國境孟連縣的雙象村前進。當晚天黑似漆，伸手不見五指，我們七人晝伏夜出，繞了很多路，直到十七日晚上進入孟連縣的雙象村，熟悉地形情況的帶路人感到氣氛有異，即刻把我們又帶離國境潛伏了一天。第二天晚上，再度帶我們進入雙象村的排哨隊突擊點，半夜十二點約定好的時刻一到，我們向著哨營投了五枚手榴彈和一枚燃燒彈照亮天空大喊著殺聲向著敵軍陣營攻去。共軍也應聲投放訊號彈開槍還擊。一時之間天空亮如白晝，槍聲四起。攻打不到十幾分鐘我隊已被敵軍擊潰。原來共軍早有防備，並早已獲知我們突擊地點和時間的消息。我們的攻擊行動真如飛蛾撲火，眼看大勢已去無法取勝，我們就向著來路撤退。共軍軍營是駐紮在一個斜坡上，坡下兩邊茅草成林，共軍分繞著兩邊草叢向我們追擊，王立華、王興富、譚國民與那位帶路人當場被擊斃，楊崇文、晏發寶和我向後撤退時，分別跌到路邊沒有被發現，等到追兵追過後，四周又恢復安靜黑暗，我們三人用約定好的方式聯絡會齊後向著來時的路撤退。因為天黑路不熟，我們走得很慢，直到天亮後走到一個山崖邊藏身休息了一會，八點左右拿出乾糧充飢並檢查槍枝子彈，這時發現到晏發寶攜帶在腰上的那隻無聲手槍的機槽上夾著一枚子彈，晏發寶嚇出一身冷汗，如果不是這支手槍替他擋住了這枚子彈，他也已中彈身亡。當我們正觀察地形準備向邊界走去時，敵軍搜查隊已沿著我們走過留下的草叢痕跡追了上來。我們伏地不敢動彈，二十多名追兵都已走過卻仍然被最後一名士兵發現。他向我們躲著的地點開了一排子彈，把前面追兵招引回來，晏發寶膝上中彈受了傷，我們看著無法再戰只能放棄抵抗。共軍看我們沒有頑抗，替晏發寶包紮好傷口要我與楊崇文攙扶著他向著槍戰的地點走去，認明陣亡屍體後就被帶到營地。晏發寶很幸運，雖然中彈卻沒有傷到膝蓋骨不致殘廢。到達營地的當晚，就把我們三人送到孟連縣。

我們三人被送到孟連縣後，被反覆的整整審問了十七天，但卻沒有對我們施用刑罰。十七天的審問結果，證實我們所言不虛，共產黨幹部認為我們只是一些被愛國熱血沖昏了頭的年青人，身上並無什麼值得可取的重要情報，與他們所得情報不差，就把我們送到思茅專區解放大隊俘管所。在俘管所對我們進行了整整一年的思想改造，在思想改造期中除了上課聽訓，小組檢討外，每星期至少有三天的時間要參加勞動改造。上山砍柴、挑糞便到菜園種菜。這段時間中讓我最難堪的是挑著兩大桶糞便穿越大街到菜園去。最狼狽的一次是挑著糞便，不小心腳滑，摔了一跤，兩桶糞便全都倒在身上，當時並無衣物可換，只好走到水溝邊，把衣褲洗淨晾著，穿著小內褲在菜園工作直到衣褲晾乾。不過我們在俘管所受思想改造期中，生活待遇和共軍一致，把我們三人養得很好，沒有憔悴消瘦，只有行動被監控而已。一九六七年底，我們三人從思茅縣經過玉溪、昆明送到保山專區，這時正是文化大革命初期，局勢非常混亂，政局分為保黨派和造反派勢不兩立的兩大派系，被下放到鄉間勞改的人生活都非常苦，吃不飽、穿不暖，做的是牛馬工作，吃的不如豬狗，營養自然很差。有身孕的婦人在分娩一個月後嬰兒就被送到只有老弱年長者照顧的托兒所，自己就要去參加勞動，直到晚上放工後才接回孩子，孩子們的照顧當然欠佳，我曾看到幾個才二十出頭的少婦憔悴蒼老得如同四、五十歲的老婦人。看著這些受苦的人群，我雖有憐憫之心卻愛莫能助。一九六六年至一九七六年這十年的文化大革命，真是中國人的大浩劫。

我們到達保山專區後沒幾天，十七日下午，昌林縣坷街農場的一個幹部就來把我們接到農場參加勞動。到達農場的第二天，我們就先要自己去準備工具，如扁擔、鋤頭、砍刀等物，第三天一早就參加工作。我們三人因為是戰俘，行動雖受到監視，工作反而沒有下放勞改的人那樣辛苦，能與農場職工同勞同酬，每月還可領到四十多塊人民幣的酬勞工資呢。一年三百六十五天，天天都是工作日沒有假期。偶有一天假日，大家都如同迎接新年或重要節日的那樣狂喜。我們三人中楊崇文最幸運，到坷街農場三年後，就被分派到農場小學教書，帶領那群農場中的孩子，直到離開農場。我在農場中無論是對上、下階層的人都維持著良好的關係，相處得宜，心想自己單身一人，身為戰俘可能會被終身監禁，離開農場大概遙遙無期。每月領到的工資因為沒有地方可以花用，所以都沒有花用多少。因此只要農場中的人有急需，無論金錢體力，只要我能力所及都盡力幫助。四年後，我就被調離田園勞動到廚房做炊事工作，工作自然比較輕鬆。一九七四年，我們在坷街農場已整整七年半，就在四月中旬，保山軍分區派來一位科級幹部找我們，他帶給我們一個天大的好消息，我們可以寫信到緬甸給親人報平安，軍分區會按址替我們寄出。這時我真是悲喜交集，不知要怎樣寫信給父母，勉強耐住心中感情的波動，我們很快的把信寫好交到保山軍分區。五一勞動節，全農場放假一天，大家雀躍萬分。我因為是炊事當天卻不能放假，第二天才補休。補休這天，農場上的一位二級領導一定要約我陪他上山砍柴。我心中雖萬分不願意，卻又不想得罪他，只好一大清早就套上了馬車陪他上山，直到下午四、五點拖了一車的柴回來。才到農場門外，只見楊崇文和晏發寶等在大門口興奮的向我揮手迎來。他們告訴我，我們的信寄出後，軍分區就核准放我們離開，只要家中有人接應，我們就可以辦離開手續。這件事的發展讓我真如夢中，難以相信。三年之前，年已二十八歲的我想著身為戰俘的我既然終身無法離開大陸，曾興起過在這裡安家的念頭，有個家，病了有人照顧，寂寞時有人陪伴，不必要忍受終身的孤獨。農場中一位交情很好的友人覺得我人還不錯，既有安家念頭，他很高興的為我介紹了一位當地農村的女孩，這位女孩曾到芒市、瑞麗等縣城農場做過職工，剛返回村子不久，我們見面後雙方都感到滿意。得到她的允許，我按照朋友的指示依照村中習俗約了幾位朋友和一些女方親友，在女方家中殺雞聚餐以示聘定。經過一段時間的交往，增進了彼此之間的了解。就在準備婚嫁時，女孩子反悔了，因為她的一些朋友勸她要多考慮，我是個戰俘身份，不知是否有恢復自由的機會，與我成婚將來前路必會有困境。於是我成家的心念就此成了泡影。如今突然得到能恢復自由離開大陸回家的消息，我的狂喜是可想而知的。我辦好了離開農場的手續後，五月六日清晨，保山軍分區派來與我們聯繫的那位科長就到坷街農場來接我，離開農場的那天清晨，農場裡的男女老少都到大門口送行，他們還送我一些平日節日裡省下來捨不得吃捨不得用的物品，如毛巾、汗衫、茶葉、紅糖等，讓我非常感動。楊崇文和晏發寶更是依依不捨，因為他們家中至今還沒有來接應的消息，要我回去後與他們的家人聯繫，也讓他們能得到自由，我當然承諾他們。這時晏發寶也被調入廚房從事炊事工作，但是不論怎樣，當然能回家最好。

我在保山專區住了十二天，事事準備妥當後，這位科長把我送到畹町鎮對河緬甸邊境蚌賽鎮交給緬境聯絡員，在這位聯絡員家中住了一晚，第二天天未亮，我們各自騎了一架腳踏車，經過三個多小時的行程，到達稱為一〇五英里，一個專為旅客設立的休息站的茶店歇息下來，不久二弟包租好的一輛吉普車也到來接應。坐在車上弟弟告訴我，七年前馬部派人通知家中我已陣亡的消息，母親傷心欲絕終日以淚洗面，父親也曾到卡瓦山馬部駐紮的營區與馬司令見過兩次面，也領取了一些為數不多的撫卹金。但是金錢並不能安慰父母失子的傷痛，國家有這樣的安排，他們也只能忍痛接受。今年四月底，家中突然收到我報平安的信，父母親驚喜交集，在他們心目中早已逝世的兒子竟然還活著，每年中元節母親不知燒了多少冥紙給她的愛子，夢魂牽掛，淚流成河中思念的愛子竟然還活著，這個意外的驚喜是無法言喻的。父母親立刻要弟弟放下所有的工作，按照保山專區幹部指示的方法，與駐紮在緬甸的聯絡員連絡上，在他指定的日子來接應我。弟弟為我辦好了一張緬甸國民身份證，一路過關斬將，雖遇風險，有時用錢，有時以人事關係來應付，終於平安度過重重關卡回到家中，這時我身上還帶著在農場這些年來積存下的六百多塊人民幣呢。回到家後我就向楊崇文、晏發寶家中去連絡。因為他們行動沒我弟弟那麼快速，也許還有另外一些原因，雖然同樣接到兒子的來信，卻沒有立刻行動，致使他們兩人拖延了兩年多後，才獲得自由回到家中。

自一九六四年六月二日加入革命陣營至一九七四年五月二十四日脫離戰俘生涯回到家中整整十年時光。我從起點繞了一個大圈，經歷了從沒想像過的艱苦歲月又回到了原點。但是我對這十年歲月的路程無怨無悔。幼年時在赤化的中國，共產黨對我家鬥爭迫害的傷痕深印在心，青年時緬甸政局惡化對我們外僑的迫害讓我們又失去了安定的家，這加深了我的愛國情操。沒有國那裡會有家，我們踏在別人的國土上苟且偷生受盡屈辱，保國才能自救，投入游擊隊反共陣營去實現我愛國情操的理想，我始終認為我踏上的是一條正確的路。並非為一個黨一個派在爭鬥。雖然國家政治局勢受到國際壓迫不斷改變方針，我卻已實現了當年投軍報國的抱負。愛國、報效國家對我們這些小人物來說，本來就是只問耕耘不求得到收獲的國民基本情操。如同區部一位長者所言，國家在動亂中造就的知名英雄只有少數，但是無可避免的會犧牲到更多無辜的生命，真正的英雄才是這些不求名、不為利、不畏艱難勇往直前，默默無聞的為國家奉獻生命的人。國家處在危機的局勢中，因為有這些為國家奉獻生命的無名英雄，國家才不致滅亡。我也該算是其中一名吧！我用了十年的時間繞了一圈又回到緬甸，雖然緬甸走專權的路線不變，但是我們這些借異國養生的華僑，憑著能吃苦耐勞，能應變環境的中國人本性，在緬甸又站穩了一席之地。而我也因為這十年艱苦歲月生活的體驗，更了解生命的意義，能活出更有價值的人生。

二〇〇八年一直在緬甸華僑社會服務的我，被派遣到台灣來，因為緬甸政局的問題，使得那些到台灣升學的緬華僑生被迫逾期居留在台灣。這對雙方都成了棘手的問題。我們這些僑領被僑務委員會邀請到台灣來與政府商談處理這事件。我們只有五天時間，與外交部和教育部開了四天的研討會後，雙方得到共識，制定了對這批學生和以後再赴台升學的緬華僑生處理方針的案件。最後一日，我們謝絕了政府安排的出遊活動，請求給我們一日假期來拜訪在台親友。我和在台的親人朋友、同學們相見甚歡，長女帶著我到台北市大直區忠烈祠，找到我和楊崇文的碑牌位。這個碑牌位上面刻有一百個人的名字，捧著這面碑牌位拍了張紀念照，我百感交集，國家並沒有忘記我們這些為國犧牲的人，還為我們在忠烈祠中立碑祭祀。雖然我還活著，但是這面碑牌位祭祀的並非我一人，而是所有在游擊隊反共陣營裏犧牲生命的愛國烈士。面對著這群有半個世紀五十年時光交情的同學們，大家笑談憶舊話當年，心中的感動更是難以言喻。我們這群人雖然生活在泰、緬、台三個不同的國度並不常相聚，但卻沒有因為時、空的隔離而動搖這份堅固不可分的友情。沒有在游擊隊裡那段同舟共濟的甘苦歲月，那來這份相知相惜的堅固友情，這也是我生命中的一大收穫，人生至此，夫復何求。

二〇一二年九月二十七日 完稿

陳濟民（現名陳德香）口述，楊淑芬編寫。

集訓結業時的合照。左前排：賴月秀、唐家廣、小麼、陳德香。後排左：張世堂、王立華、沈子才、黃自強。

北上緬北，馬上第三人 陳德香。

莫谷鎮寶石場上市場中論價。楊桂清、李曉明與賣寶石的人議價。

莫谷鎮一座山頂上的寺廟。左起：李曉明、楊淑芬、陳德香、楊桂清、楊星善。

在臺北市大直區的忠烈祠中找到自己的碑牌位，捧著碑牌位心中不知是怎樣的滋味。

【改變一生的四個月】

李興文

我是中華學校第六屆畢業生，畢業後有志赴台升學，但是那時緬甸的軍事政變已進入第二年，學校雖然有替畢業生填了赴台升學的申請表，但是江元恩校長告訴我們，不能確定是否能像前幾屆學生那樣的順利。我請我的級任導師龔德宣老師給我寫了一封介紹信，他交給我時要我把信與表格寄到仰光有關單位，也許能助我一臂之力。我拿了信和所有證件後並沒有到仰光去找有關單位辦理，心想現在緬甸局勢這麼混亂，學校都不能確保是否能辦到申請，我不如直接把這些文件寄給我在台灣情報處工作的舅舅，可能更有希望。畢業後我沒有回到在滇、緬邊城黑猛龍山寨的家去，就在陳南增老師家中替他做一些修理汽車零件的雜務，等待入台手續辦好寄來。我這一等整整等了一年，外文學校遭到緬甸政府查封，學校的校長老師和住校生們也都搬離學校宿舍。雖然舅舅寫信來說他已把我的文件呈報到有關單位，遲早會有消息，要我安心等待，可是學校被查封和老師們的搬走，對我還是有很大的影響。這時一直在為游擊隊做聯絡員的陳南增老師看我慌亂不安，就告訴我要到台灣去升學不止只有一條路，大路不通有小路可走，不一定非要在緬甸等待入台許可證寄到。受到他的暗示，我心裡想撣邦邊界山嶺一帶駐紮著前國軍滯留下的游擊隊，也有一些情報局單位，也許我可以藉著這些單位的協助，達到我赴台升學的願望。不久我與投入西盟軍區馬部的王立華、黃自強等幾位學長聯絡上，王立華把一份召募學生簡章交給我，他說西盟軍區的馬司令一直在召募有志青年參加救國軍營，軍區裡辦有一所大成學校，是由原有的興華學校和陸軍士官學校合併而改辦的。簡章中強調申明學校主旨是為國家培育棟樑人才，成積優良者必會保送到台灣深造受栽培，如果有已申請辦入台升學的學生，只要入台證件寄到，必會協助辦理赴台手續。我看了簡章後大為高興，心想西盟軍區既然具備這種條件，一個在台灣有備案的正式部隊絕不會亂發召募學生的簡章，一個帶隊領袖既然有此承諾也絕不可能食言，必會對他所招募到的隊員有所交代。在臘戌這樣等下去和進入西盟軍區去等待沒有什麼差別，只要舅舅那邊替我辦的入台證件寄到，我就可以到台灣去，也許比在臘戌等方便得多。我把我的想法告訴常聚在一起的幾個好朋友，姚永明和黃陸平也正為等待入台證件的事在焦慮，看了我所收集到的這些資料，就決定和我一起行動。半個月後陳南增老師替我們安排好了與王立華他們的接應，一九六四年五月二十七日天濛濛亮的清晨，我和姚永明、黃陞平、徐文龍四人從陳南增老師家出發到老臘戌城郊聚合點，等待王立華他們來接應。徐文龍並不是我們的同學，只是常聚在一起的好朋友。已經不念書在一家電器修理廠學習一技之長的他，並沒有志願要升學，也無意參加革命軍營，只是看到我們這群天天聚在一起的朋友決定離開，想著失去我們的相聚會感到無聊。學習手藝有的是時間，失去好朋友就太可惜了，於是也就跟著我們一起行動了。那天我們一起離開的二十多人中還有三位女生，除了周伯伯外都是中華學校的先後期同學。不久王立華和黃自強來到了後，帶領我們進入更深的山林裡與在那裡等著的三位老幹部見面。由於被巡查山林的緬軍追蹤，朱連長即刻帶領著我們離開那片山林，當天就走了整日夜的山路，經過四天三夜的行程後我們終於到達西盟軍區的軍營帕當村寨，第三天我們就參加基本軍訓了。過了幾天，馬司令以陸軍士官學校之名舉行了開學典禮，來賓當然只有周伯伯一人。正式上課後，我發現上課情形完全沒有學校的規範。清晨老幹員們帶領我們上基本軍操，早飯後上一些政治課，下午的課程只是在學生隊中選幾位學員帶領上古文和一些基本英文，晚飯後在自己豎立著籃球架的操場上打籃球，晚上開討論會，馬司令有時會來給我們精神訓話，聆聽我們的討論心得，這完全不像宣傳簡章中的那所大成學校。我把心中的疑慮提出來問學生隊長尹載福和明增壽，他們告訴我部隊因為常在擺夷山和卡瓦山遷移，目前只是克難過程。等我們南下泰北到達基地後就會看到我們的那所大成學校，與台灣派來的老師和訓練教官，既然是這樣就耐心的等待吧。

一個多月後南下泰北行動開始，學生隊被編為一個教導團隊，由尹載福和楊國光擔任正副團長，明增壽留在緬北繼續聯絡隊員。尹載福要我們六十四名團員簽名保證，在泰北受完士官訓練後必會返回緬北為部隊服務，不然不允許加入他的團隊。隊員們都不同意的在議論紛紛時，楊國光出來勸說這只是一個形式罷了，是為了要向馬司令交待而已，以期待大家可以安全到達泰國。團員們只好簽了名，只有我不肯，經過尹載福一再的勸說，我也只好簽了名。教導團隊編為兩個連隊，明正忠與黃自強是第一連正副連長，王立華和楊廣敏是第二連正副連長，每連又分為兩個排隊，排長由連隊中產生。我們一起進來的四人都被編入第二連，尹載福要我做排長，我不願意，就推舉姚永明和黃陞平兩人做排長，他們兩人也接受了安排。一個半月的翻山越嶺、穿林涉水的到達泰北後，我們駐紮到離萬養眷村後山約二十分鐘的一個傜族村寨，因為半數以上的教導團員都病倒了，我們就在傜寨休息下來。帶隊南下的木師長要學員們寫信回家報平安，我就寫信給我的舅舅，半個月的休息後教導團員們的身體都康復了，木師長就帶領著我們離開傜寨走向更偏遠的山嶺。離開傜寨的時候我收到舅舅的來信，信中附有我的入台證件，信中還說我的入台機票已經撥發在救總處。我收到入台證件當然非常高興，看看距離入台的時間還有一個多月，時間也還非常充足。到達帕亮村寨後，我把我的入台證件給木師長看，請問他何時可以協助我去辦理赴台的手續，木師長回答我等他先把學員們安頓下來，並向馬司令電請得到答覆後就會找人帶我去辦手續，要我安心等待一段時間。看著向三軍借到的帕亮村寨那排破爛的馬廄，雖然感到灰心，但是心想我只是暫住，不超過一個月就會離開，也就安然接受下來。第二天一早木師長召集教導團隊訓話，要團隊學習修建房屋，他對教導團隊員們說這是新兵入伍訓練，以讓隊員們將來無論處在任何艱苦的環境中也能度過。訓話完畢後就派幾名他的老隊員帶領著教導團員分組去割草、砍樹，來修建這一排破爛的馬廄。不到一個月，這排破爛的馬廄變成了兩間男女生宿舍，一間教室和廚房，還新蓋了三間獨立的房屋。大操場平好、籃球架豎立好後，第一梯次基本訓練開始。但是協助我去清邁辦赴台手續的事，追問了木師長幾次他都在搪塞推拖著。眼看我的入台證件就要到期，在楊文淵、雷和新幾位同學從唐窩到帕亮村來看我們又離開唐窩後。一天和採買副食的陳副官交情不錯的黃陞平告訴我們，陳副官告訴他我們請木師長幫忙寄的信不但被檢查有些還被扣留下來，陳副官到猛芳縣採買順便替我們寄信時就見過好幾次，我們的信不一定都能寄出或收到。這時我把收到入台證件和木師長一直在推拖著不帶我去清邁辦手續的事全盤告訴他們，本來想等事情有了段落時才告訴他們，但是現在我的入台證件快要到期限，不能就這樣空等下去，我把想要離開部隊的心意告訴他們，問他們有什麼意見。姚永明和黃陞平在到達帕亮村時就已感到灰心，現在聽我說我的入台證件寄到都得不到協助，那麼他們再在部隊裡待下去也只是空等。至於徐文龍根本就不願意待在山村裡，楊安華他們來看我們時就已請他們幫忙，向他在五軍做副司令的叔公請求把他從西盟軍區要出去，得到的是失望回答說他叔公已離開了五軍部隊。大家既然都不想待下去，我們就計劃如何離開帕亮村的方法。半個月後的一天晚上，正值我們第二連守夜崗，我要姚永明把我站崗的時間安排在十至十二點的時間。九點鐘吹了熄燈哨後四周安靜下來，不一會同學們都進入夢鄉，十一點多我沒有叫醒換班的隊員，悄悄的去搖姚永明他們三人，他們三人並沒有入睡，靜等著我的通知。我們拿起早就準備好的簡單背包輕輕走出了營房大門，只憑著徐文龍曾去過一次唐窩山半山的新寨村買豬的些微記憶，繞過新寨村向著山腳下走去。到了山下我們沿著小路向著公路邊的方向往前走，到達公路邊時已是九點鐘左右，看到公路邊停著一張專跑各村鎮的小四輪車，司機正在招攬乘客。我把在陳南增老師家向泰國華僑的陳師母學到唯一記住的一句泰語問汽車司機。

「拜提乃？」（要到何處去）。

「雅拜乃？」（要去那裡）。

「拜合肥。」我回答。

司機點點頭要我們上車，上車後司機就幾哩呱啦的問了我們一連串的話，我們一句都聽不懂，司機看我們一句話也聽不懂，就把車停下來。我要會說一些英語的黃陸平對司機講英語，可是司機也聽不懂英語。最後司機只好下車來用手比著要錢，原來司機怕我們沒有車費給他，要我們把車費先給他。進入西盟軍區的四個多月，我們只領到六十塊的零用金，一次是在南下泰北時領到的二十塊緬幣，一次是半個月前領到的四十元泰幣，我們領到這四十塊錢後不敢用，不然真的沒有車費給司機。替我們管錢的黃陸平把錢拿出來給司機，這位司機很厚道，他只拿了該要的車費。走了半個多小時的路程，司機把車停在一條全是泥濘的岔路邊要我們下車，我們看不到村寨不肯下車。司機就指著那條泥濘岔路說：「合肥、合肥。」我們要他開進岔路裡去他不肯，堅持要我們下車，我們只好下車沿著泥濘路向著司機指的方向走去。我們不知道是否真的是走對路能到達合肥村去，但是也只能走去先看看再說了。當我們看到一條小溪邊的田地裡有一個小棚子時，心想有田地的地方就離村寨不會太遠，我們走進小棚子去休息並商量要如何進村去，確認一下這個村寨是否就是我們要找的合肥村。我要人事關係多的徐文龍和黃陞平進村裡去探查，我和姚永明就在棚子裡等候消息。我們又累又餓又緊張的等待著，下午兩點多後，徐文龍和黃陞平出來了，興奮的告訴我們沒有走錯地方，已和楊安華他們見過面。楊安華他們要我們等天黑才分兩批進村，以免四人一起進村目標太大引起注意而發生意外。徐文龍他們還帶了兩包飯來給我們，飢腸轆轆的我和姚永明才有食物填飽肚子。我們沿著路走到更近村子的另一個小棚子休息著，黃昏後我感到餓了，就約了姚永明走到村口，看到路邊一間小棚子有賣麵的人家，就和姚永明叫了兩碗麵來吃。正在這時楊安華和雷和新出來看到在吃麵的我們，緊張的把我們叫走並責備我們說天還未黑你們就出來，當心碰到麻煩。他們趕快把我們帶到李僅家後又出去接徐文龍和黃陞平。第二天中午徐文龍聯絡上了寸品良，寸品良到合肥村來把他帶到清邁省去了。當天下午翟恩榮副師長就來到合肥村李僅家來，向他探問這兩天是否有四個外地的人到他家來。李僅謹慎的回答說是的，前兩天他們在大其力開辦的煙公司撤來了四名員工，為了消除翟副師長的懷疑，他把那四名員工叫出來。翟恩榮一看不是他要找的人，只好向李僅道歉後離開了。我們在後屋裡聽得清清楚楚，大氣都不敢喘，不知怎麼這樣快就漏出風聲讓翟恩榮找上門來，也感激李僅對我們的掩護。晚上李僅的一位長輩李儒庚把我們叫到他家，他勸我們還是回到西盟軍區去，說我們身在異鄉人地生疏，語言又不通很容易遇到危險，他保證由他送我們回去絕對不會受到處罰。並且也對我們保證只要我們的入台證件寄到，一定會向馬司令把我們三人要出來，並協助我們到清邁台灣辦事處辦理赴台手續，要我們考慮一下把決定告訴他。我們都不出聲靜靜的聽他講，離開他家後心想既然李儒庚有此提議，我們不方便再住在李僅家，當下楊安華就帶我們離開李僅家，從後門悄悄的走到央朝明家和他們住在一起。三天後央朝明從清邁回來，知道我們的情形後說，我們就因為在村口吃的那兩碗麵吃出了問題來。他立刻把我們三人送到村外他的一個潮州朋友胡老闆的果園裡，楊安華他們幾個人給了我們四百多元要我們先用著。我們到果園後不久，徵求到胡老闆的同意，用他在猛芳縣開的一間金飾店作連絡地址。我要文筆好的黃陸平寫信到駐清邁處的中央黨部第二組雲南處，和駐曼谷的大使館，把我們的處境報告上去。不久就收到駐清邁黨部的回信，信中說李興文同學的入台事件經查有在案，機票已由救總撥發到緬甸仰光負責人王輝先生處，只要期限不過隨時可以去領取。據查姚永明與黃陸平兩位同學無檔在案，可能入台證件尚未批發下來，信中也有一些鼓勵和安慰的話。曼谷大使館的回信是對我們的處境深表同情，會把我們的事轉呈救總處理，要我們耐心等待。我看我的入台證件已經過期，就寫信到曼谷大使館請求辦理延期的事，並把我的入台證件也一起寄去。姚永明和黃陸平看到他們的入台申請查不到有檔案，就決定回緬甸，可是才回到東坡寨就回來了，因為回去的路線出了問題走不通。十月底，央朝明派人帶給我們消息說，救總的方治秘書長明天會到合肥村來慰問難民，我們可以找他談談我們的問題。但是不能三人一起行動，也不能去太早以免暴露我們的行蹤引來麻煩。本來我想在第二天黃昏時進村去找方治秘書長，但是黃陸平堅持要去，我只好讓步給他。自泰皇規劃了北部與東北部泰、緬邊界線一帶，給滯留在泰國的前國軍為眷屬村後，這些軍眷居民就成了借異鄉養生的難民，並給這些居民們辦了難民證。但是居民們的行動都受了限制，如要跨越城鎮、省縣都必須到邊防辦事處取通行證，每次的通行只簽給七天的時間。台灣成立的救總會不時派人員來慰問軍眷村的居民，以表示國家對滯留異鄉軍屬們的關懷。第二天黃昏，黃陸平進入合肥村時人潮雖已散去，但是方秘書長也已休息不方便打擾了。他只好去找段國林會長請他幫忙安排與方秘書長見一面，段會長很同情我們的處境，但是現在確實不好去打擾累了一天的方秘書長，既然我們白天不方便露面，就由他把我們的實情呈報給方秘書長，要我們安心的等候他的消息。第二天方秘書長離開合肥村後，第三天段會長就來告訴我們，方秘書長說我們寄到救總的信他也看過，對我們的處境完全了解，他已替我們三人備案，要我們放心。只是今年為時已晚來不及處理升學案件，明年一定會替我們辦理好，而且他還特地交代段會長用會上的公款替我們辦一張難民證。段會長曾向他申訴自己只是一個難民村的小會長，得罪不起部隊的長官們，方秘書長遂留下了一封信給段會長，如果馬俊國司令有任何問題，他會出面承擔處理這件事。既然有了方秘書長承擔一切事的這封信，段會長說他一定會替我們辦好方秘書長交代的事，要我們放心。在果園住了一個月，我們手上的錢用完了，當然不好意思去找央朝明請求生活費的支援，就請胡老闆幫忙讓我們替他在果園裡工作。胡老闆人很善良，他看我們雖然不是很熟悉園地工作，卻很勤勞，就答應給我們一人每天七元的工資，為他照顧果園，我們總算有了生活費。在這段時間中，胡老闆也請我們分別去替他的朋友照顧果園，我們三人就分分合合了一段時間，我們與鄰園的一位孤獨老人相處得很好，晚上常和他在一起聊天，也會幫助他做一些他體力不勝的工作。他常把他的腳踏車借給我們騎去合肥村打探消息，我們就這樣在果園裡度過了一個嚴寒的冬天。過了農曆年，黃陸平與他在寮國的堂哥連絡上，被他堂哥接到寮國去了。合肥村的段會長也遵守他答應方秘書長的諾言，帶我和姚永明到清邁省密甸移民局辦了難民證。一天姚永明從合肥村回來告訴我，碰到他表哥胡邦富，表哥受他母親的托付找了他好長一段時間，今天碰到了一定要他先跟表哥到清萊省滿堂村的家中住，再商量以後的去向，他已答應，問我要不要與他同行。我想不論留在何處都是等待，不想孤單一人留在果園，到滿堂村去也好，就答應與他同行。我們約好與胡邦富在猛芳縣胡老闆的金飾店等他，這時郵差送信來，其中有一封是舅舅寄來的信，信中說他印有一張我入台證的副本，他用這張副本在替我申請著入台的事，希望很大，要我安心的在一個地點等待別再到處亂跑。既然赴台有希望我就決定不跟姚永明到滿堂村去，而到清邁去找徐文龍比較方便。徐文龍把我介紹在他老闆閻三鼎修理電器店裡的廚房中幫忙，兩個月後收到舅舅的信說，我的入台證雖然查有案底，但是逾期限超過了一年已經無效，因為我在逾期前並沒有申請保留一年的文件。我必須在今年以學生身分再申請，舅舅要我重辦學校申請表寄給他，以便讓他繼續替我辦理。接到信後我灰心透了，現在那有地方讓我去找學校要到申請赴台升學的一切文件。想想自己年歲漸長，沒有時間再浪費在辦理赴台升學的事情上了。我把我的心意回信給舅舅後，就離開清邁又回到胡老闆的果園裡，想好好調整一下我的情緒，再決定我今後要怎麼走的方向。兩個月後接到姚永明的來信說，他以滿堂村的學生身份辦理了赴台升學的手續，問我願不願意到密賽市來接替他的家教，我很高興姚永明能達到赴台升學的心願，答應他後就到密賽市去找他。兩個月後他離開了，但是我並沒有接替他的家教，因為楊安華的父親楊伯靈伯伯見了我後，覺得介紹我到東南亞防務公約的組織（東協前身）工作更適合我。我到曼谷學習了一個多月的電台通訊，訓練結束後就被派到中、緬邊界做報務員，結束了我飄流了近兩年彷彿一隻無頭蒼蠅到處亂闖的艱苦生活。

一九六六年四月，離開西盟軍區已一年半的時間，我沒有想到會與軍區的隊員再碰面。有一天我駐紮的南英街有一位賣豬肉的小販來告訴我，這天他到東烈寨賣豬肉的時候，看到一群幾十位像我這樣的知識青年部隊駐紮在那裡，我雖然感到奇怪，游擊部隊中有那個隊伍會有這麼多的知識青年，卻沒有聯想到西盟軍區的教導團隊。第二天是南英街的趕集日，我看到晏發寶、譚國明、楊崇文等十多個人在市集上逛，才恍然大悟原來駐紮在東烈寨的隊伍是教導團隊。老同學相見我很高興的與大家打招呼，並請大家吃米乾、麵線等食物，花了我幾百塊錢，當時我在公約組織擔任台長，每月有一千八百元的薪資，我只想著大家難得見面，很高興我有這個能力請大家吃一頓，完全沒有想過其他的問題，對他們是一片坦誠和相聚的興奮，完全沒有防範之心。第二天我約了原本就與馬麒麟是舊識的尹自華和計良三人到東烈站去探訪教導團隊，大家愉快的敘舊言歡。又過了幾天到了緬甸的新年潑水節，我約了楊大基、尹自華兩位同事到村中和村民們歡度潑水節。直到下午四點多，看到王立華帶著譚國民、楊崇文等七、八個隊員來找我，告訴我說他們當天就要出發，尹載福團長請我去和他見個面有事要交代，我毫無疑心高高興興的約了楊大基和他們一起走。誰知才走到半路，走在前面的王立華轉身面對我叫我著的名字，楊崇文他們幾人就把我團團圍住抬起槍來對準我。王立華說我原本是他的部屬，是西盟軍區的逃兵，他有權力把我帶走，這是奉國家的命令。我想不到他們會來這招，也生氣的拔出手槍對準王立華說，我並沒有賣給西盟軍區，有權力選擇我要投入的隊伍，現在我也是奉國家的命令留守在這裡。今天大家既然不念同學舊情持槍相對，就鬧個同歸於盡兩敗俱傷的局面吧。楊大基看我們鬧僵了，就出面調解，要我先把槍放下交給他，他會負責我的安全。這時我們公約組織的人聽到吵鬧聲也圍了上來，王立華看到情勢已非他能控制，只好看著我在我們那群人的擁護下離開。這次學了乖，以後再碰到西盟軍區的隊員，我還是小心的避開為妙。

不久徐文龍來看我，他看到我在公約組織工作得不錯，要我介紹他進來，我們兩人就做了同事。一九七〇年初，公約組織因人事協調不合而解體，我們領到了三個月的遣散費離開了。同年七月我加入中央黨部雲南處中二組做通訊隊輔導員，後來被調派到猛麻寨做組長。七四年我向上級請假離開團體，結束了我七年多在泰、緬邊界做情報員的工作。

一九八九年六月，我因為子女們在台灣升學的關係來到台灣定居。我沒有到台灣來升學的機緣，努力的讓我的孩子們都有機會完成到台灣來升學的心願。台灣！年輕時夢寐以求的台灣，我終於來到了。看著繁榮進步的台灣，再多的遺憾我又能怎樣？已經不再是我的時代了，二十五年前的年輕理想已隨著歲月消失。如果當年我有信心在緬甸多等兩個月，如果當年馬俊國司令遵守信諾，如果我沒有選錯投靠的隊伍，如果我的入台證延期信件不是寄到曼谷大使館而是寄給舅舅，我的生命史都會重寫。但是再多的如果也改變不了已成的事實，我只能安心接受時代給我的命運，讓自己心情會愉快些。與比我早到兩個月的徐文龍和能完成心願在台灣念完大學的姚永明連絡上，我們三個患難相處的老朋友又有機會聚在一起了，這也是人生一件快樂的事。黃陞平因為遠居高雄，台灣進步繁榮的生活讓大家都忙，我們只能偶有電話連絡。到台灣十多年後的一天接到周嘉銘邀約大家相聚敘舊的電話，他說楊淑芬也到台灣來定居了，她有心要寫一本我們當年進入西盟軍區的回憶錄，問我們有沒有意思給她一些資料，談一談當年心中的理想抱負，身受的情境和感想。因為我們幾人都住在桃園縣，邀約相聚也比較方便。於是姚永明、徐文龍和我就選了一個星期天到周嘉銘家中和她相聚，我們暢快的歡談了一整天，直到半夜才離開。不久周嘉銘移民到美國，我們五人再也沒有機會相聚。但是我和楊淑芬卻常在臘戌中華學校在台校友會聚餐中碰面，我向她問起出書的事，開始時她還跟我熱烈談論已著手寫稿的事，說大概兩年後就可以出書。但是後來再見面她卻冷淡下來，說初稿已寫好但是看了很多作家寫孤軍的書，想想自己的稚嫩，已失去出書的熱忱不準備出了，我雖然覺得可惜卻不方便說什麼。一晃十多年過去，我們這群人都漸邁入古稀之年。今年十月中旬校友會聚餐時碰到楊淑芬，她一反常態的告訴我，因為受到鳳凰衛視台的訪問，覺得應該把我們這段從軍的事跡寫出來。我們雖然是一群渺小的人物，也沒有立過什麼豐功偉業，但是我們的大時代確實給了我們一段不一樣而值得一書的際遇。她邀約我們到她家去再講述一次當年的事跡以便整理初稿，我欣然接受並邀約了姚永明到她家去，這時徐文龍已因病去世了四年。想到徐文龍開朗豪邁的個性，不勝噓唏。當年南下泰國黃陞平因生病走不動時，他毫不猶疑的脫下戴著的手錶買了一匹馬給黃陞平代步的壯舉，失去這位好朋友我是非常惋惜的。把這段大時代給我們的際遇就當是時代給我們的考驗吧，前輩如此，後代也一樣，都必須接受時代的考驗，只是時代不同接受的考驗不一樣而已。我接受了時代的考驗，也為我的時代努力過，沒有虛度我的一生，應該沒有遺憾了。

二〇一二年十月二十八日

一九九四年攝於桃園縣周嘉銘的家中。前：楊淑芬。左起：周嘉銘、徐文龍、姚永明、李興文。

李興文近照。

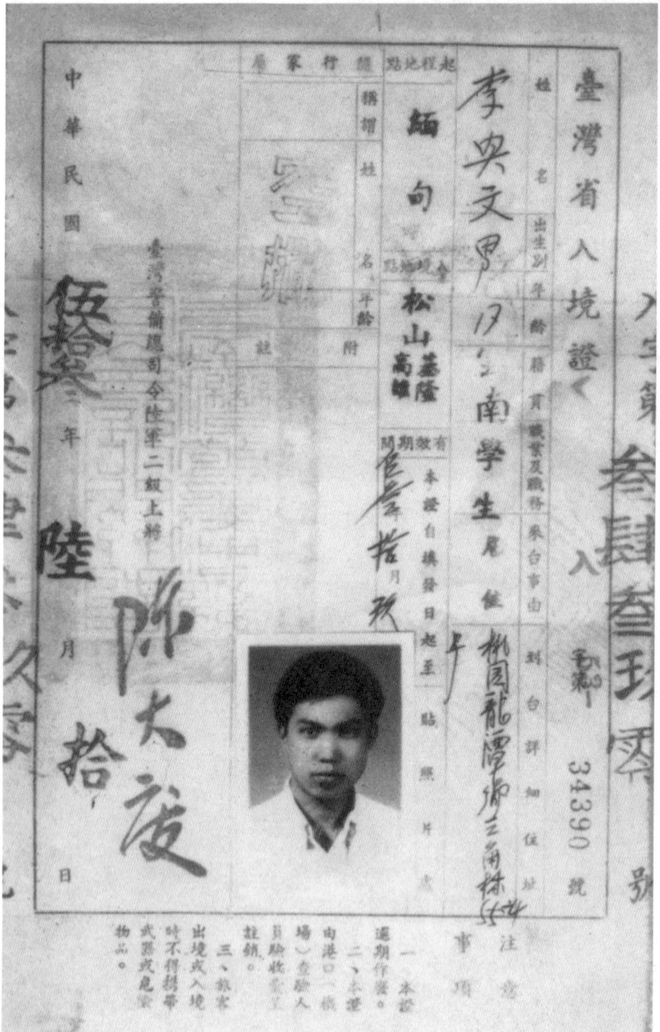
臺灣省入境證

入字第 34390 號

姓名	李奥文
性別	男
年齡	17
籍貫	
職業及職務	學生
來台事由	
到台詳細住址	桃園龍潭
起程地點	
到達地點	松山 基隆 高雄
有效期間	本證自填發日起至　月　日
攜帶眷屬 稱謂 姓名 年齡	
附註	

貼照片處

臺灣省警備總司令陸軍二級上將 陳大慶

中華民國　年　月　日

注意事項

一、本證逾期作廢。

二、本證由港口（機場）查驗人員驗收登記註銷。

三、旅客出境或入境時不得攜帶武器或危險物品。

赴臺升學入臺證件。

【升學歷程的辛酸】

姚永明

一九六三年我畢業於臘戌中華中學第六屆，有志到台灣繼續升學，向學校填報了赴台升學表格。畢業後我只回到果敢區長青山村寨的家中住了一星期，在家待不住，就向母親謊稱要回臘戌去收拾留在學校宿舍裡的行旅。母親當時是不想讓我離開，她說我到外地縣城念了三年書，好不容易畢了業，又要報名去台灣升學，如果去成了不知又要離開家多少年。她希望我能在家裡安心等待台灣教育部寄來的赴台升學證件，可以多陪她一些時間。我了解母親的心意，但是在家實在閑得發慌待不下去，母親只好勉強湊足路費讓我離開。這年已是緬甸政變後的第三年，局勢非常混亂。當時政變的風波雖然還波及不到邊遠的果敢區長青山村寨，但是百元大鈔的作廢，也讓我家損失不少，母親手上就沒有什麼現金可用。離開家後我在搬遷到臘戌市的大哥家裡住下來，等待著台灣教育部入學證件的到來。中華學校的校長江元恩告訴我們，今年學校雖然替我們向台灣呈報了申請表，但是以今年緬甸的局勢來看，不能確保我們的申請是否能像上幾屆學生一樣的順利成行。如果我們有別的方法路線可以自己申請辦理會更可靠些，所需要的證件簽章，學校都會為我們準備。我和幾個常聚在一起的同學商量，尤其是好朋友李興文，做事謹慎又機靈的他有很多來自各方面的消息，滇、緬邊界駐紮著前國軍游擊隊的事也是他告訴我的。他同樣的報了名要赴台升學，也在等待著入台證件的到來。畢業後他沒有回家去，就住在替游擊隊做聯絡員的陳南增老師家，替他做一些修理汽車零件的工作。我們在臘戍等到第二年，一直沒有入台證是否會寄到的消息傳來。三月中旬，學校提早匆匆舉辦了最後一屆畢業典禮後，就遣散了在學校住宿的老師和學生。四月中旬，外文學校就全部被緬甸政府查封，學校頓時人去樓空不見人影。我心裡非常不安，不知道要再到何處去打聽升學的消息。這時李興文告訴我他和投入在西盟軍區的幾位學長聯絡上，並把西盟軍區開辦的一所大成學校召募學生的簡章給我看，他說與其在臘戍沒有希望的等待入台證，不如換條路線試試看，投到西盟軍區請馬司令幫忙協助到台灣去。他會事先和馬司令談好希望協助幫忙的事，只要馬司令答應就可以安心的到西盟軍區去了，如果沒辦法得到協助也可以再換條路線走，總要想辦法試試不一樣的路線，才可以達到目的。他問我願不願意跟他一起行動，我想這也是一個辦法，參加一個部隊並不等於賣給這個單位，只要感覺到不適合隨時都可以離開的。我們果敢區就是這樣，只要你在部隊中時嚴守軍紀。我就決定跟他一起同行，誰料到我們卻受騙了，馬司令並沒有遵守他的諾言，我們選到了一條無法通行的死胡同。當時我們並不知道。決定方向後，我就離開大哥家搬去陳南增老師家中和李興文住在一起以方便行動。我把身上大哥給我僅有的二十塊錢買了一些藥品帶在身邊，五月底我們四人一起離開臘戌到西盟軍區的軍營，四天的路程雖然辛苦總算有驚無險的到達了營區。在營區帕當村開始受基本訓練時我就感到氣氛不對，根本不是李興文告訴我的那所大成學校型式，我把疑慮向李興文提出來，他說他也有此疑慮，他向學生隊長尹載福與明增壽提問過，他們說大成學校校址在泰北基地，我們很快就會南下泰北，到時當然會有大成學校在那裡。七月中旬，我們學生隊被編組為教導團隊南下，我、李興文、黃陸平和徐文龍一起進來的四個人都編入第二連隊，被安排為第二排的正、副排長。一個半月雨季中艱辛的翻山越嶺，我們終於到達泰北，被安排在三軍基地唐窩山下的騾馬隊營地帕亮村寨裡。這裡怎麼會是西盟軍區的基地？那裡有什麼大成學校的影子？只有一排破爛待修的馬廄而已。這時我感到失望透了，但是在這被重重山嶺包圍又人生地不熟的地方，我能做什麼？只好逆來順受了。在師部老隊員的帶領下，我們這群稚嫩的生手跟著他們上山砍樹、伐木、割草，來修建這排破爛的馬廄。有一次我上山砍樹的時候，看到山林中有一棵挺直的大樹，覺得這是能作棟樑的好材料，但卻沒有人砍下，我高興的把樹砍倒修去枝葉扛回基地，才把樹幹放下就感到全身刺痛紅腫起來。一位老隊員聽到吵鬧聲走來一看，告訴學生們這是一棵不能建蓋房屋的漆樹，漆樹流出的漿汁有毒，碰到漿汁會引起皮膚過敏而中毒紅腫，囑咐我們以後看到不能再去砍。他立刻找人來和他一起把那棵樹幹拖出去丟掉，以免我們不小心又會碰到。我的無知害我的皮膚中了毒，連長王立華就讓我請假休息一星期，因為沒有什麼對症的藥品，只能用清水沖洗，所以好得很慢。這段期間幾位中華學校的同學，也是我們長青山村寨的鄰居到帕亮村來看我們，這幾位同學都是申請著到台灣去升學的人，他們借助三軍的隊伍到泰北來，準備到清邁中央黨部辦入台申請，過幾天就會離開唐窩，聽到在帕亮村有中華學校的同學，就特地來看我們。過了幾天的星期六、日，木師長也准假讓我們到唐窩去玩，但是已遇不到那些同學了，只打聽到他們去了合肥村。從唐窩回來後李興文悄悄告訴我們三人，他的入台證早已寄來，還是由木師長交給他的，他向木師長請求離開帕亮到清邁辦赴台手續的事，本想得到准許後才告訴我們，可是一直被木師長推拖著，現在入台證件快過期了還得不到木師長的答覆，想來不可能會得到准許了，他決定要悄悄離開部隊，我們是他約進來的，所以告訴我們他的決定，看我們有什麼意見。我和黃陞平、徐文龍早就有離隊的心意，所以就決定和他一起離開。當時我們每人身上僅有剛領到的四十塊零用金，來到帕亮村後也只去過唐窩一次而已，認識的人也就是那幾位到帕亮村來看過我們的同學，只知道他們到合肥村去了。至於合肥村在那裡，我們並不知道方向，真的是人生地不熟。我們不敢下山從萬養村離開，就憑著徐文龍曾去過唐窩山腰的新寨村買過豬的那點記憶，摸索著走到山下抵達公路邊，又安全的到達合肥村找到了那幾位還沒有離開合肥村的同學，我真不敢相信我們會這樣的幸運。第二天徐文龍就和他的親戚聯絡上到清邁省去了，我們三人被央朝明安排在他的朋友胡老闆果園中工作時，我總算有錢買到皮膚藥膏治好了我中漆樹毒汁的皮膚，不必天天只靠著清水沖洗來消腫止癢了。但是與清邁省中央黨部和曼谷大使館的聯絡後的通知是只有李興文一人的入台檔案查到，我和黃陞平的都無案可查，要我們再重新申請。我們可被難倒了，學校已被查封，校長和老師們早已不知去向，我們要向何處去要到所需要的證件。我和黃陞平商量後，決定先回家和父母商量再想辦法。但是當我們離開合肥村才走到東坡村時，就聽到有好幾隊來自緬甸的自衛隊單位駐紮在泰、緬邊界一帶的消息，以我們目前的身份如果被任何一隊自衛隊抓住，都是件危險的事，只好又回到胡老闆的果園中再等待時機，我們三人就在果園中度過了一個寒冬。第二年春，黃陞平與他在寮國的堂哥連絡上，被他的堂哥接到寮國去，我們一起離開的四人就剩下我和李興文兩人了。

一天我騎了向隔鄰果園老闆借來的腳踏車到合肥村去打探消息出村時，被到合肥村找我的表哥看到追上來，他了解我目前的狀況後，一定要我跟他到滿堂村他的家中先住下來，再慢慢商量今後的去向。我與李興文商量問他願不願意和我同行，反正都是等待在那個村子等都是一樣，他同意了。我們兩人與堂哥約定好在猛芳縣胡老闆開的金飾店中等他，正在這時郵差送信來，剛好有一封李興文舅舅寄來的信，信中說他在台灣教育部已查辦著李興文入台證的事，相信很快就可以辦下來，要他安心的在一個地方等著別再到處亂走，於是李興文決定到清邁找徐文龍不和我同行了。我跟著表哥經過美斯樂山城又過了密江縣都平安無事，就在滿堂村入口時被邊防警察攔下查問，我一句泰國話都聽不懂，拿出那張合肥村長段國林帶我們去清邁辦的難民證，卻是非法越境，因為難民身分要越境都必須取得通行證，我幸運安全的經過那些縣鎮，快到目的地才被抓到。表哥跟警察怎樣說情他們就是不肯放人，他又不放心把我單獨留下自己到村中去求助，正在為難時在滿堂村做副會長的姑丈李濟文出村看到我們，與邊防警察熟悉關係又好的姑丈把我擔保出來帶到滿堂村裡。在滿堂村住了不久，楊安華的父親楊柏靈伯伯到滿堂村來看到我，高興的對我說：住在密賽市的趙建華家請他幫忙找一位家教，我既然沒工作做，不如去幫忙他家教小朋友，月薪四百，我欣然接受了。他把我送到密賽市趙建華家，趙建華很高興的立刻把第一個月的薪水給了我，還送給我一隻手錶，我的生活也安定下來。半年後的一天姑丈到密賽縣找我，問我是否還有到台灣升學的心願，這些年來台灣救災總會向教育部申請幫助泰北眷村學生到台灣升學，每年有十個名額，今年的十個名額都分發到滿堂村，有幾個報了名的學生退出了。如果我還有去台灣升學的心願，姑丈願意以他的關係替我補上一個名額。這真是一個天大的好消息，我竟然還有去台灣升學的機會，我當然高興的答應了。為了對趙建華家有一個交代，就寫信給入台證又出問題的李興文，請他到密賽市來接替我的家教，他答應後就到密賽市來了。這時候到對河緬甸大其力縣的姨媽也到密賽市來找到了我，要我跟她回家去，什麼事都可以回家後再從長計議，別再在異鄉飄流，她和媽媽同樣的對我悄悄離家參加游擊隊的事感到非常不解。要想參加軍隊長青山多的是果敢家的自衛隊，參加那一家的隊伍都會得到好照顧，何必捨近求遠的參加到西盟軍區去吃上這麼多的苦頭。要到台灣升學，只要等入台的證件寄到，家中也一定會替我打點好一切，就算緬甸難辦出國，從泰國送我離開也非難事，也不必過這種流離失所的日子。我不知道要向姨媽怎樣解釋我們年輕人的想法，我並不是想要去當兵，只是想看看外面廣大的世界，體驗一下與家鄉不一樣的生活而已，事情演變成今天這種情形，我也是想像不到的。我沒有對她多做解釋，只告訴姨媽李濟文姑丈已替我以滿堂村學校學生的名額，報了到台灣去升學，我一定有機會去台灣讀書的。如果這次再失敗，我會聽她的話回家去，姨媽看我非常堅持，也只能尊重我的決定。一九六五年十月底收到入台證，十一月七日離開滿堂村到達曼谷，十一日我終於到達台灣圓了我的升學夢。

台灣對我們居留在泰、緬的華僑子弟來說，確實是求學深造的好地方，但是當年在台灣，普遍的居民生活都很貧窮艱苦。教育部資助我們的生活費並不多，我們必須節省了又節省才勉強夠用。星期天假日同學們約我和他們出去遊玩或看電影，我從來不敢答應，我並不是不想玩，但是我那有多餘的錢用在這些奢侈的玩樂上，只能和幾位僑生逛逛大街，到不必花錢的公園走走。上課的時間還好，寒暑假時外縣鎮的學生都回家去了，我們幾個僑生只能窩在宿舍裡無處可去，假期宿舍裡不開伙食，我們必須常買泡麵來充飢，以免用出超過我們得到的伙食費的費用。現在看到我生活在富裕幸福環境中的孩子們，不免會向他們提起當年我求學時的艱苦，他們奇怪不解的問我寒暑假時為何不去打工，打工不但有薪水可拿，也打發了整天窩在宿舍的無聊時間。但是他們那裡知道當年台灣經濟尚未起飛，那有那麼多的工廠、餐飲店讓學生們去打零工賺錢。政府在為台灣經濟努力打拼的艱苦環境中，每年還擠出一筆經費為滯留在泰、緬的國軍後裔資助升學，對我們這些軍眷後裔已是仁至義盡。儘管我們到台灣升學的學生生活很苦，比起留在泰、緬想來升學又無法辦到的學生來說，我們能到台灣來的這些學生還是批幸運兒。

兩年後與剛到台灣來在台中念高工的黃陸平聯絡上，他到寮國調派在特勤室做情報員的堂哥那裡，為他用來掩護身分開的咖啡店中工作，直到寮國事變，堂哥離開時協助他以寮國僑生身份赴台升學，所以也有機會到台灣來念書了。他高工畢業後考入成功大學，現在就職於高雄中鋼公司，如今我們仍有連絡。二十四年後，李興文和徐文龍也因為子女的關係到台灣來，定居在桃園縣，我們四人又聯絡上了，我和他們兩人住得比較近，見面的機會雖然比較多，但是在台灣這個工商業先進繁榮的社會裡，大家更要為生活忙碌，再加上交往的範圍生活圈也不一樣了，能聚在一起的時間並不多。

時光荏苒數十年的光陰就這樣過去，我並不想再談當年參加西盟軍區的事，畢竟那是一段不愉快的回憶。但是李興文和楊淑芬一再邀約，因為我們四人是第一批先離開又順利脫離西盟軍區的人，而且我和黃陞平還能如願的到台灣來升學，她想知道我們離開的感受和能到台灣升學的原因，既然如此大家相聚再重新回憶一次往事也好，反正已事過境遷，當年那些部隊中的老官員，都早已作古。可是當我回顧往事時也不禁感慨萬千，只能說當年年少無知，太容易聽信傳言，也太相信長官的承諾，把事情看得太單純。我們進入西盟軍區中的學生能到台灣升學的四人中，還以周嘉銘和明增富兩人最幸運，隨著隊伍從格致灣基地出發只到了美斯樂附近的村寨，就以回家探親為由離開了部隊，毫無波折的赴台升學了。以李興文和楊星善兩人最不幸，明明入台證已寄到交在他們手中，馬司令卻沒有遵守承諾協助他們赴台升學，這怎能怪學生們對他不滿。如今已邁入老年的我回顧這段往事時，仍然認為錯不在我，只是站在不同的立場上，用不同的角度和眼光看事情罷了，如果換做是今天我仍然還是選擇離開西盟軍區或根本不參加的。就把這段經歷當作是時代給我的考驗，如果命運早在我的生命中安排了這段過程，我無論怎樣都避不開的，就安然接受吧！

二〇一二年十月三十日

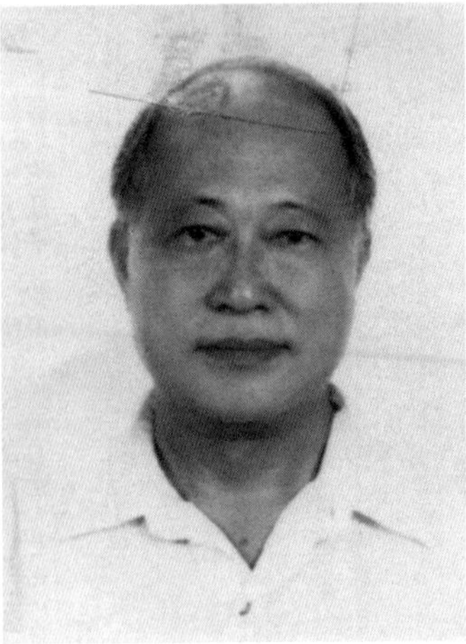

姚永明近照。

【圓和處世的益處】

小麼

我小時候長得圓滾矮胖又和氣，同學們就給我取了個綽號小麼打（這是印度語小胖子之意），因為當年緬甸居住的僑民有多種國籍，各國籍子弟們都會混雜在一起玩耍，同學們才會用印度語給我取了這個綽號。進入西盟軍區編隊南下時，教導團隊員差不多半數都是臘戍中華學校的同學，當然這時我已長得高瘦不再矮胖，但是這些同學們還是叫我小麼而不具名。直到離開部隊後，連當年在學校給我取這個綽號的同學們都已忘了這個稱號，只有教導團的同學們仍然用這個稱號叫我，這稱號就成了他們對我的暱稱。我也喜歡他們用這個暱稱叫我，這表現了我們那段同舟共濟的親切。不論我在社會上的地位是否已站得很高，不論我是否已是腰纏萬貫，小麼對這群患難相處的同學們永遠是誠懇親切的。

在泰北格致灣基地的第二次培訓中，我參加了通訊隊，本來就不喜歡鋒芒畢露的我非常安份，沒有牢騷不出怨言，不與任何同學和隊長們爭鬥，也從不發表自已的見解，每逢有遊藝會表演，只要被派到一定會乖乖的配搭，進入通訊隊後也努力的學習。也許在大家的眼中我是個用泥塑造的泥人，沒有脾氣的好好先生，其實我只是把所感受到的事都放在心裡，因為知道表露出來對自己並無益處。通訊學習結束，四位同學被第一批派上台實習裡我就占了一個名額。當區部向馬司令請調幾名通訊隊員時，我當然心動，但是並沒有抱著希望會被調派到，因為好的工作人員馬司令絕對不會派走，不抱希望就不會失望。受完第二次區部的典驗後隨部隊北上，我被派為馬司令的專屬台長，跟在他身邊為他工作。所有南來北往的機密文件，每次突擊大陸行動案件我都非常清楚。收到捷報感到欣喜，同學們為自己在時代中刻上了光榮的紀錄。收到失敗全軍覆沒和隊員陣亡被擄的訊息，就傷心悲痛。在緬北跟著馬司令的這三年中，雖然沒有親歷戰場，卻如同親歷其境一樣，與前線的健兒們一起同悲傷同快樂。

我參加部隊的五年歲月中唯一發過一次脾氣是為了吃飯問題，而且還不是純為自己，現在想起來也覺得有趣。部隊中的伙食本來就差，馬司令是回教徒我們自然沒有豬肉可吃。每次幾個單位合殺了一頭牛所分到的牛肉，除了第一餐有新鮮肉可吃外，剩餘的就用鹽醃了烤乾放入桶中，匆促中當然處理得不好。經過十天半月穿插在蔬菜中慢慢的吃，那些牛肉當然就發臭生了蛆。王副官捨不得丟掉，選出好的當然是上級長官的菜餚，不好的自然是我們這些大頭兵的份。那天吃飯時拿到桌上的一碗湯一盤蔬菜外，就是只是五、六片發出臭味的牛肉乾，八個人吃飯的一桌人，一人連一片發臭的牛肉乾都分不到。大家非常不滿的互相對看著，這種菜怎樣能吃下肚，全桌的人都看著我問我要怎麼做。

「你是台長，身份比我們高，有說話餘地。」

「好吧！我就幫大家發洩一下情緒，把桌子掀掉，這餐飯我們不吃。」

我把桌子掀翻了，菜餚全都灑在地上，我們這一桌的人就都散了。王副官聽到碗盤落地的聲音出來一看，看到灑在地上的盤子和菜餚，一問之下知道是我把桌子掀了，一氣之下就告到馬司令那裡，說台長給他難堪，他這個副食官做不下去了。當下馬司令立刻把我叫來教訓了一頓，說軍隊中的副食官不是那麼容易當的，我只會做電台業務不會做副食官，要會體諒做副食官的辛苦。王副官得到長官的認同滿意之後走了，馬司令又轉過來安慰我說，他知道隊裡的伙食開得不好，但是希望我能了解在山區採辦伙食的不容易，他會盡量改善伙食的不足，希望我也體諒他，我是個知識份子別與這些沒有知識的老兵一般見識，也別再和大家一起起鬨令他為難。這件事擺平以後，我們的伙食果然有了一些改善，不必再吃那些生蛆發臭的牛肉了。這就是馬俊國司令厲害的地方，用不同方式安撫部下的圓滑處事待人的方法，確實值得我學習的處世道理。有一次駐紮的營寨剛好有友軍隊伍路過，友軍的兩位參謀長到訪，與馬司令敘談之後夜已深，馬司令就招待他們住宿一晚。那晚他們剛好住在我的鄰房，我無意中聽到他們的談話，說馬俊國真了不起，召募到一批肯為他賣命的敢死隊，只可惜了這群優秀的知識青年，用他們的生命鮮血為馬俊國贏得了高官厚祿。我聽到這番話後感到真不是滋味，我們這群同學並不是馬俊國的敢死隊，我們的獻身是為國家民族並不是為了馬俊國。只是我們這批游擊隊新手沒有老游擊隊員那麼熟練游擊隊作戰方式，老游擊隊員們知道何時可攻，何時該撤退。他們知道以少擊多是游擊隊作戰的戰術，只要達到擾亂敵人，讓大陸同胞知道有這樣一支隊伍，一直為反共復國、解救同胞苦難而在滇、緬邊界奮鬥著。每次行動能達到突擊效果，收集到一些有價值的情報固然好，如果收不到這些效果，只要能現身達到擾亂的目的也就達成了任務。這些知識理論我們都知道，在戰鬥訓練中我們也學習過，但是真的面臨現場就完全不是那麼回事了。我們這些新手沒有經驗拿捏得那麼準確，往往會忘了課堂上學到的知識，只憑著滿腔熱血非要達到接受的行動任務，置生死於度外的表現自己的愛國熱忱，才會有這樣傷亡慘重的事件發生。經驗不是一次兩次，一天兩天就可以學到的，等我們有了經驗會運用技巧，自然就能掌握時機、衡量輕重，就算是以卵擊石，也會知道只輕碰不讓自己擊碎，就不會有這種慘重的傷亡事件發生了，人總會隨著經驗而成長，不會永遠留在原地踏步。

隨著馬俊國司令在撣邦、在卡瓦山一帶遊走了三年，我發現自己的健康情形越來越差，在這片原始山嶺地帶當然沒有良醫，沒有藥物更沒有醫院可以為你檢查身體。吃了當地能找到的藥物都無效，看我越來越虛弱的身體，馬司令不得不准我請假回家看病。臨別一直囑咐我等身體治療好康復後，再回來跟他一起幹救國救民的革命事業。我當然滿口答應他一定會回到部隊來，我這一離開也結束了我五年在山嶺的游擊隊生涯。

回憶往事無限噓唏，就當是用五年的時光來學習一段生命中的經驗吧，用學習到的這種圓和處世方式來應付社會上人事的相處，用游擊隊艱苦歲月中磨練出的刻苦精神來面對開始創業的艱辛。我慶幸的是這五年生命經驗的學習是在我年輕的時期，我還能浪費得出這段青春。當我開始從基層的地點向我的事業邁進時，其中的艱辛和挫折是不必細說的。今天我不敢說創立出多大的事業，至少經過數十年的努力，讓我有了份安定的生活和幸福的家，但是卻也必須要一直繼續不鬆懈的努力下去。每逢與部隊裡的老同學們相聚時，我欣然的接受著他們對我的暱稱：小麼。

二〇一二年十一月十日

【軍旅中培育出的親情】

李鳳芹

自從緬甸軍事政變局勢亦化、外文學校被查封後，我們這群家住密支那城突然失學終日惶惶然不知何去何從的學生，真感到不知如何是好。一天我和張貴秀、邵宏青、黃根民、李順文五人碰在一起閒聊，有位名叫段應生的人交給我們一封信，請我們幫忙交給我們育成中學張興仁校長。他離開後我們好奇的打開信想知道這位神祕客究竟是誰，要傳遞給校長什麼訊息。原來這封信是滯留在滇、緬邊界前國軍名號稱為西盟軍區馬俊國司令寄給校長的。信中最主要的是請校長幫忙聯繫有志離開赤化後的緬甸，想投奔反共救國軍的青年，原來馬司令和我們校長張興仁是在中國時期陸軍軍官學校的同學。育成中學原本就是由退休至緬甸前國軍成員興辦的，和所有緬甸右派中文學校一樣，緬甸只要有大陸重要官員來訪，這些退居緬甸的前國軍首領都會被傳入監牢中軟禁，我們的校長當然也不例外。我們看到這封信後非常興奮，終於有一條出路在我們面前出現。我們早就聽聞有這麼一支隊伍駐留在滇、緬邊界的山嶺中，還聽說這是支由台灣中央政府直接指揮補給的游擊隊，隊中辦有一所大成中學，一直在招募學生培訓並會送往台灣深造。我們看了信後決定相約響應此壯舉，參加西盟軍區救國軍尋找我們的前途。這封信當然沒交到張興仁校長手上，因為我們怕他知道後會被阻攔。與段應生連絡上兩星期後就在一九六四年七月十一日那天，我們五人把信交給後繼的同學就隨著連絡員段應生離開家搭上火車，經過一日夜的路程到達中部瓦城再轉車到達臘戌市。因為段應生要我們離開的人數不能超過十名，以免引起緬政府的注意，所以我們五人就決定先行離開。我們一行六人到達臘戌市投宿在迎江旅舍已是黃昏。梳洗完後到附近夜市吃晚餐，就在此時迎江旅舍老闆匆匆前來找我們要我們即刻離開別再回旅舍。因為我們才出門就來了七、八名偵探部人員，他們描述尋找的五個從密支那城來的青年、姓名、衣著赫然就是我們這群第一批離家出走的青年，我們離家後的第三天就在臘戌市被偵探部找上。匆匆吃過晚餐，段應生立刻帶著我們向臘戌市郊走去。在約定好的地點，旅舍老闆早已派人把我們的行囊送到。我們一行人向著山林走了整整一個晚上，天快亮時，就與來接應我們的學員雷兆華、周文惠、楊文光等還有一些背槍荷彈的長髮士兵相會。當時我看到這群衣著儀容不整的隊伍，心都涼了半截，我參加的隊伍怎麼會是這種形式的。可是這時卻已是騎虎難下，不得不跟隨著隊伍前行。我們在山林中走了八天才到達西盟軍區駐營叫滿江的一個綳龍族村寨，還好到達營區後讓我們的感受還不錯，當時營區已有十幾位男女同學了。到達滿江寨不久，馬司令就安排我們接受第一梯次的軍事基本訓練。在陶大剛教育長的訓練下整整受了半年的基本軍訓。半年軍訓結束後部隊離開擺夷山向卡瓦山遷移，我們到達干賽村寨住進卡瓦王子二嗎哈家中，原來西盟軍與卡瓦族自衛隊向來交好，常給他們所需要的接濟，所以才會被卡瓦王子二嗎哈這麼熱忱的接待。隊伍在干賽村寨駐紮了五個多月，這五個多月中西盟軍區招募到百多名隊員，都是些山地民族，其中以卡瓦族人居多。隨著木成武師長北上的消息，隊伍再遷移至擺夷山難文擺夷寨住了一個多月後，木師長的人馬已到達滿江寨，馬司令隨即帶了隊伍到滿江寨與木師長會合，開始了南下泰北的行程。當時已是冬末，山嶺叢林氣候寒冷，行軍途中雖沒有雨季那麼艱辛，但是帶著這批赤手空拳又無戰鬥經驗的一群學生，南下隊伍還是走得不快。行軍途中雖辛苦也有不少趣事，有一次我們翻越了一座又一座山嶺，半途休息時馬司令來到學生隊，他看到大家累得都不說話。就鼓勵大家說，再翻越兩個山嶺就紮營休息，到時會給我們這些學生每人一截人參補氣，我們聽了精神大振。到達當天紮營山寨後，我們期待的看著來到學生隊的馬司令。他叫勤務兵打開背包給了我們每人一小塊蔗糖，說這是給我們補氣的人參。大家拿著這塊小得不可再小的蔗糖面面相覷啼笑皆非。南下途中當然少不了夜行軍，一個多月後進入泰國國境。我們駐紮到一個叫小邦弄的黎索族村寨正好是農曆除夕夜，在這個黎索寨我第一次體驗到栗索族人迎接新歲的熱鬧氣氛。黎索族是深受漢族文化影響的山地少數民族之一，他們有姓氏，供有祖先牌位，也和漢人一樣隆重的過農曆新年。迎新年的第一天，除了祭拜天地祖先外，還有很多歡樂活動。村民們都穿戴起傳統民族服飾，婦女們穿戴得更美。男女對山歌，在架起的高架上或樹幹上盪鞦韆，還有最熱鬧的打歌。這是我第一次看到山地少數民族的節慶，尤其對全體老少圍著圓圈，彈著自製的簡單弦琴，互相對唱歌曲載歌載舞的打歌更感興趣。這份熱鬧的活動一直要延續到農曆十六小年夜過後才結束，年才算過完，村民們開始為一年生活操勞忙碌起來。多麼懂得享受歡樂的人群，多麼無憂的山地生活。離開小邦弄村寨十天後到達泰北第一個眷村茶房寨。來到中國人的村寨感覺就與山地少數民族的村寨風貌氣氛全不一樣了。看著栽種了遍山滿谷都是可以採摘的茶樹和一間間簡陋的製茶工廠，心中不無感慨。中國人那份堅毅的求生精神，無論在那個國家，那個城鎮和山寨都一樣，不但能生存下來還能展開自己的事業。在茶房寨休息了一個晚上，第二天下午五時就開始夜行軍穿越泰北第一個城鎮猛芳縣的大壩子。第二天天濛濛亮到達屬於西盟軍區與三軍混合居住的眷村萬養村。我們女生住進招待所的第二天，駐紮在格致灣基地的第一批學生來到萬養村與我們會合。第三天一早我們就搬離宿舍與第一批同學們一起住到郊外田野上搭蓋著的簡單草棚裡。應萬養村會長的邀請，馬司令答應舉辦了一場三天三夜的運動會。白天的球賽，晚上的歌舞戲劇表演，我們這群學生發揮盡才能，讓這場運動會舉辦得熱鬧非凡，轟動一時。運動會結束之後，我們留在萬養村接受了從台灣來的章醫生半個月的醫務教導後，離開萬養村到達格致灣基地。到達格致灣我們二十四名女生雖然仍與教導團隊住在一起，卻已不屬於教導團而編入直屬司令部管理的直屬隊，隊長由楊雲善擔任。一群男女學生全都住在一起，自然就會有感情發生，大家紛紛找看上眼的女生交往。這時我又彷彿回到無憂無愁的學生年代，享受著快樂的學生生活。我們回到基地不久開始了第二梯次的基本訓練。通訊隊成立，教導團有志參加通訊隊的參加了通訊隊，其餘的都被調往各單位做協助班長或學習辦理文書。周秀雲隨她父親離開了基地，二十三位女生中有十二位女生報名學通訊，十一個女生加入醫務組和事務組的直屬隊，由瞿美生任分隊長。全體女生都搬到新蓋好的通訊隊部，由總部派在唐窩的陳啟佑台長調來擔任隊長。每天清晨升旗後，上一個小時的軍操，早飯後通訊隊上課，我們直屬隊幾個學醫務的就到醫務所上班，其餘的就做長官們交代下的事務，下午如果有安排上政治課，我們醫務隊員也會參加。我是一個安分不喜歡表現自我的人，從不與人爭鬥，每天安安分分的上下班。部隊中醫務員的工作很辛苦，有些隊員生了病會到醫務所來看病，有些卻不會，等病情嚴重時我們就必須到各隊部替他們打針配藥。最辛苦的是在寒冷的冬天，寒風大雨的時候，只要有必須出外看病的病人，我們就會冒著寒風大雨出去，甚至半夜也必須隨傳隨到。不過還好有馬光復和木成義兩位部隊軍醫官陪同，有時在晚上必須外出到各隊部看病時，陳啟佑台長也會陪我們同去。兩年後的十月三十一日時逢先總統蔣公百年冥誕，我們應邀到萬養村與各地眷村青年在萬養村舉辦的盛大慶典來慶祝。當時負責管理唱片的我，常會與到分派為我們女生住宿的李姓村民家的中隊長彭迹周見面，因為當時彭迹周在萬養招待所做總幹事，負責招待外賓和採辦軍中米糧軍需的任務，他是馬司令的第三個內弟。因為我們所負責的任務常有機會見面。百齡冥誕慶祝結束返回基地後，與陳秀美正在交往中的李汝柏教官來找我，他對我說彭迹周對我印象非常好，他請李汝柏教官徵求我的意見是否願意與他交往。李汝柏是馬司令的姪兒，親戚之間當然希望促成這段良緣。我沒有表示什麼意見，因為心中並沒有想著要在部隊裡成家的意思，不過多有個朋友也不是一件壞事。我與彭述周就這樣不冷不熱的交往了三年多，還好彭述周也是個不冷不熱個性隨和的人，他並沒有催促我，也沒有做進一步的表示。第一批隊伍訓練結束北上了，通訊隊結業後第二批隊伍也北上了。教導團全體人員北上後，司令部就從半山腰遷到山頂上的教導團部。這兩年中我們女生結婚了六人，李煥娣在結婚前夕自殺，兩名被派到萬養村學校任教，再加上先後悄悄離開部隊的五人。這時只剩下我們九個女生就隨著遷移到司令部，與幾個留守在基地作業的通訊隊同學由馬副司令和陳仲鳴參謀長帶領。馬司令隨著第二批隊員北上後，基地就交由陳仲鳴參謀長管理。他怕我們這些學生太悠閒又出問題，除了正職外又安排了好多課程要我們學習。如古文、三民主義、國父思想、與英文等，最重要的是每天清晨馬季思副司令的精神講話，但是這些課程仍留不住有了離心的隊員離開。最後到一九七五年部隊接到就地資遣免職的命令，格致灣基地就此樹倒鳥散，全部離開了。我下山到了萬養村感到前途茫茫，不知還能到何處去，終於和等待著我拖延了六年的彭述周結婚。離開部隊結婚之初，我真不知道要如何面對今後的生活。從小生長在富裕人家養尊處優的彭述周，從來就沒有面對過生活的問題，離開了大陸後一直就在馬司令身邊做些處理軍務的工作。而我離開學校後就加入部隊，我們兩人誰都沒有面對過社會生活的經驗。握著手邊那點僅有的金錢，千頭萬緒不知由何開始。好吧！就從身邊原本就開闢下的土地開始經營果園種荔枝，從頭學起。除了安排第二天的工作事務彭述周可以勝任外，其餘的田園工作全由我來帶領工人工作。唉！人人都需要面對生活的壓力。辛苦了三年後果樹有了初期的收成，生活總算穩定下來。數十年的歲月就在刻苦耐勞相夫教子的日子中度過。只有我們這群同舟共濟的老友相聚話舊時，雖然大家鬢髮已白，風霜滿面，我們又會回到當年雖艱苦卻沒有心機的純真歲月。最初與老友們相聚時大家對我都保持著一段距離，談話並沒有完全坦誠，因為我是馬司令的內弟媳，對我多少有些顧慮。後來感受到我對大家的坦言熱誠才打開了這分隔籬。部隊遣散後，跟了馬司令一生的姪兒與內弟們和所有的部隊同袍們一樣，只有那麼一點點的遣散費，並沒有得到特別照顧，也沒有被申請成為基本幹部人員，和大家一樣都只是雇傭兵，並沒有資格得到終生的俸祿。十年前情報局到泰北辦理授田證時我們也只領取到了一個基數的伍萬元泰幣而已。自一九六六年十月第一任區長鄧文勳被中央政府派到格致灣基地對西盟軍馬部校閱典驗後，一九二〇區大陸工作處才有了西盟軍區隊伍的名冊，才算正式編隊的雇傭兵，一九六六年前參加部隊的隊員根本沒有名字報備，只是白白當了幾年兵罷了。我進入部隊九年多，直到部隊就地遣散時只有七年多時間的登記而已，六四、六五那兩年並不包括在內，七年多的時間當然只能領到一個基數的授田證。部隊除了被外調區部的三名通訊隊員和兩名士官隊隊員有與區部人員同樣待遇得到終生俸祿外，連在區部被有官階父親指名外調的伍建超，不知道為什麼也沒有得到終身俸祿。馬俊國司令是個將級的官員他也沒有辦到終生俸祿，何況是我們這些蝦兵蟹將，想想也非常感慨。處身動亂的大時代，命運給我如此的安排，我只有坦然去接受，抱怨不滿只會自苦，對我沒有任何幫助，有勇氣來面對自己的命運去奮鬥才能走出困苦環境。所以我對這九年多的從軍生涯從沒有後悔過，也沒有抱怨過。沒有那九年多艱苦的磨練，我那能培養出這份面對困境的勇氣。每當與這群艱苦共處的老友相聚時，我們這分超俗又互相珍惜的感情就是我生命中最大的收穫。我的姑姐馬俊國司令太太看到我們歡聚的情景時，曾羨慕的說她有眾多的兄弟姊妹，但是感情的親愛融洽遠不及我們，聽到她這番羨慕的話，我這一生還有什麼遺憾？沒有那段艱苦歲月的相處，怎會有我們這份豐厚的友情，我的一生確實是富足的，夫復何求？

二〇一二年十月十五日 完稿

在格致灣基地升旗臺下的五位密支那育成中學的學生。前左：黃根民、李鳳芹、張貴秀、李順文。後立者：邵宏青。

密支那五位同學在基地大操場上散步。

馬鞍山後山的罌粟花叢裏。左一：李鳳芹、陳美星、楊太芬。

部隊遣散後與彭述周在萬養村舉行婚禮。

國防部軍事情報局簡便行文表

保存期限	
檔號	

性質	受文者	行文單位
件	陸敦禮先生	正本： 副本：

主旨

一、台端80.3.22.日來函敬悉。

二、經查本局存管資料，彭述周先生雲南省雙江縣人，共經歷資料如後：

(一)民國肆拾玖年陸月壹日起至伍拾年肆月叁拾日撤銷番號止，任前雲南總部辦公室少尉譯電員職。

(二)民國伍拾年壹月捌日起至伍拾陸年玖月拾伍日止，任前滇西行動縱隊司令部行政室少尉、中尉譯電員職。

(三)民國伍拾陸年玖月拾陸日起至陸拾壹年肆月壹日就地資遣免職止，任前滇邊工作第三拾三大隊中尉參謀官、副中隊長，上尉副中隊長、參謀官等職，記載有案。

三、復請查照。

來文	發文 日期	字號	附件
年 月 日 字 號	中華民國捌拾年叁月卅壹日	(82)亮勇(三)字第一五八一號	

發文單位：國防部軍事情報局

校對：尹國強

軍情局函覆彭述周之任官經歷。

【細沙中的幸運者】

李惠琴

我進入部隊比李鳳芹只晚了一個月，我家原本就住在來莫山下的一個漢、夷雜居的邊遠山寨南壓習村寨，緬甸赤化後這些山寨就是各地民族自衛隊與游擊隊時常經過的地方。我是家中長女，弟妹很多，本來就對每日面對的家務和照顧弟妹的任務感到不耐煩。當馬部經過我們的村子時，就與當時常聚在一起的友人袁少光、李文德、楊菊珍與李煥娣幾人一起離家加入部隊。我們離家當然不敢讓父母知道，不然他們怎麼會讓我離開而失去一個擔負家務的助手。山村生活單調又節儉樸素，我並不像從城市中來的學生們那樣滿懷壯志，希望求學深造，也沒想過要在部隊裏做出什麼豐功偉業，只想著參加部隊後會認識很多新朋友，也能增廣見識，過一過與山村中全然不同的生活。隨著部隊在擺夷山、卡瓦山各山寨遊走了一年多後，我們這批青年終於南下泰北。到達基地格致灣之後我們生活的範圍雖仍然是在山嶺中和山下的眷村中，但是和一群學生在一起上課受軍訓的生活和家中山居的生活完全不同，讓我感到非常有興趣。經過章醫生半個多月的醫務培訓後，我感覺到自己終於學到了一些東西，雖然只是最基本的醫務衛生常識，但對我來說確實是增長了不少見識。第二梯次基本訓練開始，我報名加入醫務隊，每天隨著隊中軍醫替生病的隊友配藥打針，再上一些政治課程確實充實到自己。四百多人聚居的基地上，每隊單位中以通訊隊最為熱鬧，因為隊中有女生。窈窕淑女，君子好逑，這是《詩經》上的話。通訊隊自然吸引不少男生課餘後的拜訪，尤其是教導團隊員。與第一批南下的女生加起來，通訊隊部四十多名隊員中有三分之二的隊員原本就是教導團員。於是男女生紛紛挑選著自己心儀的對象來交往。連滿口為革命獻身不在軍中談戀愛的團長尹載福，第二連連長王立華等人都有了對象，尹載福的對象是張貴秀，而王立華選上的人竟然是我。我看被大家戲稱為老夫子的王立華人雖然有些迂腐，為人卻正直不苟刻，對隊員雖然嚴厲卻處處維護著他們。他心中也有很多苦惱無處傾訴。和他交往了一段時間後對他深為憐惜，原本就不是很健談的我成了他傾訴的對象。半年後第二梯次集訓結束，除了還沒結業的通訊隊外，半數以上的隊伍整隊北上緬北。王立華也隨隊北上，臨別前夕他只告訴我他會英勇的為反共復國事業獻身，必會帶著勝利的戰績回來看我。他選擇了我就會對我忠貞不變，要我對他的愛放心。我也以他的志願為重，囑咐他事事小心保重自己，雖然不捨得也只能向他告別。剛開始緬北的隊伍與基地連絡時還常聽到他的一些音訊，一年多後再也沒有聽到他的訊息。雖然兩地當時是用電台連絡，但是我怎敢私自向陳啟佑隊長打聽王立華的消息。只有耐心的等待，我們總會有隨隊北上，或者在緬北的隊伍會有南下的一天。這時雷兆華向我展開追求，雷兆華對我的追求並不積極，只是在星期天或假日要相處較好的女生約了我，大家一起到山林找野菜就地弄些菜餚來吃。或一起在讓我們學員燒開水的茶棚裡買半瓶當地釀製的米酒配上一些花生零食喝點酒，聊些不著邊際的閒話，當年大家都很窮，這已經是生活中最好的享受了。不久通訊隊結業，我們在基地接受了一九二〇區，第一任區長鄧文勳的校閱典驗。這時馬司令替段藻蘭和陳秀美兩人在基地主持了婚禮，她們分別嫁給了馬司令的姪兒李汝堂和李汝柏。隨著鄧區長的校閱典驗，區部成員陸續遷居到格致灣。這時在通訓隊的雷兆華、趙家興、王大炳三人被調派到區部，他們被外調後馬司令立即禁止他們再回到通訊隊與所有隊員接近，當然更別提區部新到成員對我們的接近。不久馬司令接著舉辦第二場婚禮，尹雲芳與陳啟佑隊長、張從芝與馬志聰處長，還有李煥娣與學兵隊的龔連長。結婚前一星期，尹雲芳和張從芝跟著她們的準新郎到清邁省辦嫁妝去了，只有李煥娣婚前兩天龔連長才匆匆帶著她到萬養村去採辦，官階不同經濟能力也有差別，這已是龔連長盡到他最大的能力了。回到基地後，我很高興的找李煥娣談天，可是卻見她憂鬱寡歡、面色有異，沒有和我說上幾句就走開了，晚飯沒見她回來吃，我擔心的約了楊淑芬四處找她，畢竟我們在家時原本就是朋友，又一起參加部隊的。我們再走到通訊隊後山懸崖邊才看到她坐在一塊大石上垂淚。我安慰她說雖然龔連長官階不高，也不富有，但是只要疼愛她，她的婚姻生活也會幸福的。可是到了晚上卻見她口吐白沫躺在床上昏迷不醒。她竟然在婚禮前一天服鴉片煙毒品自殺了，我的傷痛是可想而知的。馬司令雖然生氣，但是這場婚禮卻仍舊照常進行，只是少了一對新人而已。區部搬到基地後我們的隊伍雖然與區部人員不相往來，但為了與區部表示友好，雙方也會不時舉辦籃球友誼賽，雷兆華外調後雖然不敢再來找我，卻趁球賽之便，托黃元龍和寸時獲幫忙送了兩次物品和幾百塊給我，也請陳昌鳳轉交給了我一條項鍊。他被外調區部後待遇馬上提升到近千元，比我們高出了好多倍，讓同學們非常羨慕。有一次區部球隊向我隊借了印球衣牌子的工具，雷兆華藉著還工具為由到隊部來，被陳仲鳴參謀長看到，陳參謀長不但馬上攔阻他進入隊中還狠狠的打了他一頓，說他來向同學們炫耀影響隊員們的情緒。從此雷兆華再也不敢到隊部來，同學們也不敢再幫他送東西給我。第二批隊員隨著馬司令北上後，隊中女生悄悄走了兩人。留在基地的隊員更少了。兩年後馬司令帶領在緬北的全體隊員回到格致灣基地，接受第二次典驗。離開三年的教導團也回到基地。教導團員的到來，我當然盼望著與王立華見面。可是返回的隊伍中看不到王立華，楊國光副團長默默的交給我一本王立華的筆記本，卻沒有對我談起他任何訊息。楊國光副團長只告訴我王立華帶隊突擊大陸全軍覆沒，也不知道這隊人馬是全部陣亡還是被俘。王立華失去音訊，雷兆華不敢再到隊部來，李煥娣過世，再加上楊菊珍嫁給了馬司令的第二個內弟。我感到頓時失去了依靠，不知道是否還有繼續留在部隊的必要。我只是一個渺小卑微的人，並沒有想要在部隊中闖一番前途的大志，如今感情突然失去依靠，我還有什麼依戀。編隊典驗結束，部隊再度北上緬北一年後，我向回到格致灣基地的馬司令請假到清邁看牙醫。馬司令原本不准，但是在他身邊的司令太太看我確實因牙痛而痛苦難耐，就請他准了我的假。我們這些隊員在第二次典驗整編後，薪金已調整到三百多元，雖然與區部隊員的薪金比起來仍然是天地之別，但是比起以前所領的四十元泰幣的零用金來說當然是多了好幾倍。大家身邊都存積了一些錢，想到城鎮去看病就不需要再向馬司令申請醫藥費了。請准假來到清邁省看了幾天病，得到區部隊員趙錦華的協助，我悄悄搭車來到泰、緬邊界的密賽市，經由大其力回到腊戍市結束了我六年的軍旅生涯。到臘戍市不久，連絡上在緬北做情報員的雷兆華與他結婚，組織了自己的小家庭。

人生的過程並不是如我們所期待的能心想事成，我並沒有期待自己有高官厚祿、大富大貴的生活，只希望能過安定無憂的生活，有個愛惜自己的丈夫，幾個可愛的子女，一個庸俗女人的庸俗願望而已。雷兆華並不是個很溫柔體貼的丈夫，因為工作關係我們是聚少離多，但是領有情報局基本成員薪資的他，確實讓我過著無憂無慮的生活。當我們的第二個孩子出生後，雷兆華考慮到我和孩子們的安危，安排我隨著局裡的護送，到台灣定居。我到台灣約一年半後接到他被緬甸政府逮捕被關了一年半，後來因局部向緬政府的活動被釋放的消息，又過了一年多他才到台灣與我們相聚。到台灣不久他又被外調馬祖、東沙群島這些外島工作，直到六、七年後退役。比起那些在泰、緬兩地的同學們，在部隊辛苦了十多年歲月，被就地遣散，必須兩手空空的去為生活奮鬥，我確實是幸運多了。十年前雷兆華因病過世，我仍能領有他半薪的終生俸祿。如今兩鬢白髮的我，享受著孩子們成家立業後，兒孫繞膝安樂晚年的生活。我這一生雖過得平淡，但確實已達到了我的願望，該再無所求了，我應該是這個大時代細沙群中的一個幸運者。

二〇一二年十一月十五日 完稿

遊四川峨嵋山的纜車上。

楊菊珍與彭述合在萬養村舉行婚禮。伴郎為楊星善。

【附錄：我所認識的馬俊國司令】

馬俊國司令是雲南省順寧縣人，信奉伊斯蘭教，我們俗稱的回教徒。他結業於黃埔陸軍官校昆明分校十六期，曾任職於國防部作戰科科長，昆明雲南部隊高射炮團營長，跟隨文興洲大隊撤退至滇、緬邊界在江拉總部任參謀長。第一次撤台時，他帶領的隊伍遠在緬北來不及趕到而奉命駐守下來。柳元麟時期他調任為滇西行動縱隊九縱隊少將司令，當時他手下隊員只有三、四十名。他帶領隊伍到撣邦擺夷山和卡瓦山發展時，九縱隊更名為西盟軍區。馬俊國司令精明幹練，思想敏捷，經濟算盤打得很精。他不但能言善道，用詞也非常犀利，腦筋轉得不夠快的人，常被他說後還找不到詞句來回答。他的幾個基本幹部副司令馬秉賢（馬季思）、木成武、陳仲鳴、羅仕傑都是陸軍官校畢業的高級官員。除了羅仕傑口舌比較遲鈍外，其他的人都像馬司令一樣的言詞鋒利，說話絕不輸於人。連他的胞弟李正，兩個姪兒李汝柏、李汝堂，還有何奇參謀長都是口舌鋒利，思想敏捷的人。如果有一天這幾位幹部聚在一起聊天的話，會讓聽眾聽得目瞪口呆嘆為觀止。但是你絕對找不到這個機會的，只要有兩、三個人聚在一起談話被你碰到就已經非常幸運，他們的言詞會讓你增加不少見識，感到不虛此生了。他最信任的得力助手木成武，兩人的關係更密切，是兩家換親的姐夫、妹婿，木成武思想敏捷言詞的鋒利不亞於馬司令。馬俊國司令不論對待同事部屬，友軍將領，甚至從台灣來探查部隊的高級幹部，在言詞上他也絕不輸陣的。每逢有高級幹部來探察部隊，他會把他最為忠心、最刻苦、最需要援助的一面加倍的表現出來，以取得更大的收穫。木成武隨著國軍部隊撤退到緬北時，原任五軍段希文軍長的九師團長，馬俊國到緬北以西盟軍區之名發展部隊時，就以師長職位把他請調回來共創事業。

緬甸政變之初，馬俊國並沒有召募到多少隊員，直到一九六四年緬甸政府查封外文學校，才造就了他的機會，短短兩、三個月時間，召募到一百多名失學和還在等待赴台升學的學生。但他意猶未足，希望第二批、第三批的知識青年再繼續投奔到他的部隊來。可是事與願違，再沒有第二批、第三批知識青年投奔而來了。這批三個月內投奔來的一百多名學生，也是他唯一招攬到的一批人才。明知在緬甸發展到的外圍隊員，根本不可能申請成為基本幹部，得到基本幹部的福利和待遇，他還是讓這批學生滿懷希望的期待著、盼望著，用各種理由和藉口圓他撒下的謊言。記得我念初中二年級的時候，班上來了兩位二十多歲的超齡同學，當時天真的我想他們是山村裡沒有機會念書的青年，所以這大把年紀才來和我們一起念書。後來離開部隊後遇到他們時，才知道他們是中央情報局的情報人員，藉著念書之名到學校來召募幹員的。當年緬甸局勢穩定召募不到任何一名知識青年，他們只待了一學期就無功而返。緬甸局勢的變動造就了馬俊國的大好時機，讓他召募到這批滿懷希望理想的愛國青年。但是要帶領這些會思考，不盲從跟隨的知識份子不是一件容易的事，抓緊怕捏死，放鬆怕飛掉。剛進部隊時大家對馬司令的精明能幹，思路敏捷，能言善道會安上撫下，和凡事都針對學生們為出發點的做法感覺很好。而且他黃埔軍校結業的學歷和奉命滯留滇、緬從事反共復國，不畏艱苦的革命精神都讓大家佩服。雖然到達泰北後並沒有看到他宣傳中的大成學校，心想就算沒有機會到台灣升學，跟著他一定也能幹出一番留名青史的事業。隨著時間的過去，大家對他的了解越深，發現了他的表裡不一。一九二〇區部遷到格致灣基地後，不論怎樣需要人員向他請調，他根本不會放手讓他的隊員有機會被上級外調的，除了不得不應付上級勉強的調出了幾名外，其餘的都抓緊了不放，尤其是對召募到的這批女生。等西盟軍區編組為一九二〇區第三大隊後，隊員們接觸到他隊的隊員越多，涉事的層面就廣，了解的事情更多後，學生們對他的這份失望是可想而知的。誰還會甘心情願的再為他效命，以抬高他的高官厚祿，因而有了反叛的事件發生。尤其是我們這些女生進部隊來更沒有意義，只是為他的基本幹部找到成家的對象而已。乖乖牌的女生有些是甘心情願的，有些是認命的結了婚，不甘願的女生在失望之下也找機會悄悄離開了部隊。

我到熱水塘新村一新中學任教後，常會與老同學們相聚敘舊，也會接待到村中來探望我的老同學，與他們維持著良好的友誼，就是不願意去拜訪馬俊國司令，無論老同學怎樣邀約，對投入游擊隊三年多浪費的歲月和失望仍耿耿於懷，我盡量避開與他碰面，避不開時也只是向他點頭問聲好就走開。有時被他逮到機會向我問話時，我無法對他保持禮貌而以言譏諷。大家都怪我態度不好何必讓彼此難堪，我也知道不應該如此，但是只要見到他，我總是控制不住自己的情緒，現在我已不是他的部屬，不必再忍受他犀利的言詞。我與馬俊國司令最後一次見面是在他替隊員們辦理軍人保險退費事件時，他為隊員們辦軍人保險退費的事並非出於照顧老部屬，而是為了要收取每份兩成手續費的佣金。對於這件事我早已知道，只是沒有興趣去找他辦理。想不到有一天他竟然會由李家富陪同下親自到熱水塘新村，我工作的托兒所來找我，告訴我這筆軍人保險退費的事，問我是否想要辦下這筆錢。我回答他要不要辦隨便他，我沒有任何意見。心中感覺到的卻是他怎麼這樣貪心，這麼一點點小錢也要賺。一九七五年滯留泰、緬隊伍撤退後，馬司令就已經回台灣以少將軍階辦了退役，領了近兩百萬元的退役金，以當年的經濟情勢來說兩百萬是一個大數目。馬季思領到七十多萬元的退役金，馬季思副司令雖領到七十多萬的退役金，但因不善利用晚景也很悲慘，孤獨淒涼，生病住院時向老隊員們呼籲給予醫藥費的支助，我們在台、泰的同學們大家也都湊了一筆醫藥費寄給他。木成武不曾去辦退役，而那幾位陣亡了的參謀級基本幹部因為沒有子女去辦，當然沒有得到。陳仲鳴參謀長太太每年也領到一筆撫卹金，只是被他吸毒的養子敗光，晚景淒涼，必須靠著每天清晨買賣蔬菜度日。基本幹部們都得到了他們該得到的福利，只是看他們怎樣運用了。對於會斂財的馬俊國將軍來說，當然會住在花園豪宅的大院裡了。如今替隊員們辦理軍人保險退費的那兩成微小的佣金，連他手上的零錢都稱不上，他竟然還忍心收取這些老隊員們的佣金，真讓我感到心寒。

「妳現在是基督徒，有你們的耶穌在養妳，不需要錢生活，有沒有這筆錢也無所謂了。」他看我並不熱心就這樣對我說。

「不錯，我現在是基督徒。但是我們的神在《聖經》上有寫著，人要工作才有飯吃。神不會從天上掉下一包錢來養你，我當然還是需要工作賺錢來養活我自己，這不關信仰的事。不過現在我的孩子們都已長大，到台灣升學的、畢業後上班的，而且我也有工作養活自己。我最困難最需要錢的那段時間已過，有沒有這筆軍人保險退費對我並不重要。長官，你自己看著辦吧。」

想起那幾年，我到處奔波的為孩子們去湊足赴台升學旅費的辛苦。這筆旅費對我這個窮教員來說，是一筆天文數字，對那些住花園豪宅大院的人來說只是九牛一毛而已。當時我只看到人們對我譏諷的眼光，一個窮教員竟然也想像有錢人家的孩子一樣，送孩子們到台灣升學。但是那些辛酸都已經過去了，我的孩子們也如願的到台灣升學去了，我已再無所求。當年我為孩子們辛苦的湊旅費時並沒有去向馬司令求助，因為我知道他並不是一個肯助人的長官，現在我已不是他的屬下了，又何必聽他的譏諷。他看我還是當年那樣強的脾氣，眼眶中充滿了淚水，他拿起手帕抹去眼角的淚水，嘆口氣說他對不起我們這群學生。

「你確實是對不起我們，長官。你從來都沒有為我們的前途著想過，如果你稍微肯為我們著想，我們永遠都會感謝你的。不過都已經是幾十前的事了，事過境遷不可能再重來一遍的。」我也嘆口氣。到現在怪他有什麼用，只會讓自己不快樂而已，他不是聖人怎能不事事先為自己打算。面對著他我無話可說，他看我不再出聲，也就離開了，這件退費的事就此了結。

為了要照顧到台灣來念書的兒女，一九九八年我到台灣定居，看到台灣的繁榮進步，心中的感嘆當然很深，可是又能怎樣？就乖乖的用自己還有的勞力來供養孩子們求學吧，讓他們去完成我不能達到的理想。二〇〇六年的一天，我接到李鳳芹的電話，她說馬俊國司令逝世了，邀約我們在台灣和泰國的同學們，大家一起為馬司令在報上刊登一則弔慰輓聯，大家都沒有反對的都參加了。人死為大，過去的恩恩怨怨，就隨著他的逝世一起消失埋葬了吧！

寫於二〇一三年二月十八日

J3 034604655 06/21 '95 14:11 NO.228 01/01

日報 (ชื่อเจ้ยชื่อเป่า) 2006.4.16. 日、 廣告 A7

前光武部隊二〇三部隊部隊長長官

馬老將軍俊國 歸真

爲國爲民如此長官實難得
立功立德至今遺澤不能忘

鍾雲峰 李家富 楊國光 李郎 邵鴻青 陳啓祐 喻小霖 王邦榮

黃元龍 陳學彥 王大炳 賴月秀 尹文秋 楊菊珍 范群珍 尹培蘭 段藻蘭

陳秀美 李鳳芹 姜桂芬 李惠琴 楊仙寧 楊太芬 陳美星 楊素芬 尹雲芳

原二〇三部隊部屬 全叩輓

楊淑芳

from 03-4606759

【後記】

受到鳳凰衛視台訪問的激勵下，用了八個多月的時間，訪問了幾位定居在台灣和正巧到台灣來的同學們，願意發表他們心中感想的人就記錄編寫下來，增添我這本回憶錄的色彩。有些認為自己只是大時代中一粒渺小的細沙，雖然在游擊隊裡待了十多年歲月，沒有闖出過什麼大事業，也沒有立過絲毫的豐功偉業，只是在自己生命中增加了一段難忘的經歷而已，不必記載吧。但是無論怎樣我們參加游擊隊的這十多年歲月，確實是在我們大時代的巨濤裡被沖擊出來的真實生命史。當年這一百多位投筆從戎的學生群，如今都分散在泰國、緬甸和台灣三個不同的國家裡。但是細算一下人數，這群當年滿懷壯志的青年如今成為滿頭白髮的從心所欲之七十年歲的人，還不到半數。年輕時突擊大陸陣亡的，遣散後加入地方自衛隊戰死的，中年時因生活失意而吸食毒品去世和因病過世的。而活著的這些漸邁入七十之年歲的人，都是些必須用藥品來維持健康的人了。有些健康情形比較差，有些剛與藥品打交道，有些卻已病情嚴重，只在等待著那天

10 後記

被死神召喚了。使用了六、七十年的這副身體老機器，自然已到了該退化的時候，不可能再是當年的生龍活虎了。時代一直不停的在轉變，生命也一直隨著歲月不停的在凋謝，不論這小片細沙已沉澱入海底，沒有在這個大時代中刻下任何痕印，但是這段在黑森林中十多年的游擊隊生涯，卻永遠不會從我們的記憶中隱退。同學們原本約好兩年相聚一次，不論在那個國家，那個時間，可是只相聚了兩次，就因一個又一個的去世再也聚不起來，畢竟分散在三個不同的國家裡要一起相聚確實不易，只能分別接待了。眼看著相聚時越來越少的人數，大家更珍惜這份患難中培養出來的純真友情。

當我拾起十多年前寫的初稿重新整理時，一張張熟悉的面孔又出現在我的眼前，有年輕時的，有垂老時的。我不知道我們的大時代刻畫在大家心裡的傷痛是否已被歲月撫平？那些倒在血泊中的生命是否已瞑目？因毒品而失去生命的是否甘心？老邁中的生命是否還有期待？我找不到答案。反正人生就是這樣，不論是否甘心、瞑目和期待，這些被大時代巨濤翻滾後的細沙群，都已深埋在時代的海底，再也翻不到海面上來了。為了記敘這段真實的事跡，在收集資料中常挖出一段又一段隱藏的真相，這些真相讓我感到恐懼而無法再寫下去。有幾位同學就對我說：我們並非要去揭露真相以求公道，把這些真相全寫出來對我們並沒有好處，還是厚道的保留些的好。必須要寫的可以避重就輕的稍微帶過，沒有必要寫的就當不知道的好，我們只想寫出我們的心聲而已。雖然我們不需要隱惡揚善的去包容，也不需要加油添醋的去形容，以免偏離本意，失去出書的意義。聽了這些建議，知道如何取捨我才可以安然的把這本書寫完。我們這群同學在經過辛苦奮鬥後，能闖出一番事業的人並不多，但是能知足過著安定生活的為數也不少，尤其是在子女們都已長大成家立業後。我們努力的把子女們送到台灣升學，完成了我們年輕時不能完成的心願。只有少數的幾位因機遇不巧，仍在泰、緬邊界過著困苦的生活，使大家感到憐惜，又無能力替他們改善大環境。我們十多位有幸到台灣的人，初到時也非常艱苦，沒有高深的學識找好工作，沒有創業的大資本，幸運的是還有能出賣勞力的健康身體。當年正是台灣經濟起飛之時，工廠到處林立，只要不要求太高，一家溫飽也不難求到。兒女們也在這種艱苦的環境中乖巧長大，知道努力求學，有選擇自已的工作或創業的機會。

每當大家相聚回顧往事時，對馬俊國司令做不到他對我們學生隊的信諾，和處理我們學生們的方式會感到不滿，但卻已不再抱怨。身處社會幾十年已了解世事並非只有是非黑白，還有一大片灰色地帶和出發點的觀念不同。以我們的抱負和理想的立場，馬司令對我們設下了一個騙局。以他的觀念和出發點，他先要掌握住他的隊伍才能去談他的理想和抱負。他雖然沒有把學生們送到台灣去升學和求取專業技能，已做到了他能力所及的地步，已對得起他召募到的這些學生。明正忠承諾如果把一些學生送到台灣受專業技能，必會返回部隊服務，他能放心嗎？又要送那些學生去？群鳥在林不如一鳥在手。人不會沒有私心，只專為他人著想的，他不是神。我想如果讓我們再重活一次，以當年我們身處的時代和我們的個性，我們一定還是會選擇這條報效國家的道路。的確，時代給了我們這段不一樣的熬煉，在熬煉的過程中當然會感到痛苦，會受到創傷，沒有挺過這場熬煉的人固然讓人感到遺憾，能挺過來的人就是勝利者。因為我們已為我們平凡的生命染上了繽紛燦爛的色彩，我們已努力過，生命已有了價值。

去了兩趟忠烈祠，卻沒有找到那些祭祀陣亡同學們的碑牌位，最後約了陳德香的女兒陪去，知道怎樣辦理程序的她，終於替我辦好到碑牌位前祭拜的手續。譚國民、王興富、晏發寶、藺汝剛、馬麒麟等的碑牌位都找到了，唯獨不見王立華的碑牌位，經詢問後才知道立有碑牌位的都是尉級以上的軍官，陣亡士兵人數太多只記錄在名冊上，王立華的名字只在名冊中找到，可能呈報時把他的官階弄錯了。看了這些碑牌位上的名字，讓我得到很大的安慰，我們雖不求名利，不爭功勳，至少國家有為我們在時代的歷史中刻上了一絲痕印，我們再無所求。我願把這本回憶錄獻給所有參加過西盟軍區的同袍們，不論已陣亡的、逝世的或仍活著的，都能得到安慰，都對時代給予我們的熬煉再無怨，對我們的一生再無遺憾。

書中所記錄的每段同學們的事跡，除了楊國光的那篇〈時代的痕跡〉我為他稍做修改整理外，其餘的都是他們口述由我編寫的，其中如有不詳或遺漏，寫得不盡其意之處還請大家多多包容海諒，畢竟我只是個喜歡塗塗寫寫的人，而並非專業作家，專此特別道歉。

全文完

二〇一三年三月二十日 完稿

教導團隊員四十年後的聚會

2003 年分別由臺灣，緬甸的同袍老友們與泰國同袍老友聚會於泰國。

到清邁溫泉花園合影。

2005 年分別由臺灣，泰國的同袍老友與緬甸的同袍老友相聚於緬甸，在苗眉市留影，後排右三為移民美國的周嘉銘，趕上了這次的聚會。

在緬甸瓦城的聚會。

四十多年不見的楊光華臺長，在這次聚會中把他也挖出來了。

楊積川（左一）從當陽邊城趕到時，大部分人已離開，只碰到還未走的楊淑芬（後排左一）和賴月秀（左二），右一為楊積川太太。

泰國四位女同學到緬甸，與緬甸三位同學合照於眉苗市的公園。左三楊廣敏（已過世）、左四楊國強、左五陳昌鳳。

2004 年從臺灣到緬甸的楊淑芬（後排左二）接受緬甸同學的招待。前左二為周文忠、左三晏發寶。

定居臺灣的楊淑芬與周嘉銘接受住在泰國萬養村李鳳芹和楊菊珍的接待。

在泰國清邁省 KTV 包廂中的歡唱。右一為段藻蘭（已去世）。

清邁餐廳中的聚餐。

陳德香，楊星善到臺灣來，相聚於孔雙念（左一）、楊太芬（左二）夫婦的家中。

楊菊珍（後左一）、李鳳芹（後右二）到臺灣來時在餐廳中的聚餐。

楊淑芬到泰國與分別近四十年的尹培蘭合照於她萬養村的家中。

山嶺中一九二〇區各單位部隊與山地各民族的生活照

北上特遣隊出發前聆聽區長龐將軍講話。弟兄斜背藍色布袋為米袋，每袋約裝八碗米。

特遣隊在回莫基地席地開燒。

1928 站督察陳名芳於行軍途中。

202 部行軍途中休息開燒。

201 部渡薩爾溫江。

202 部渡薩爾溫江。

小團英栗索裝，攝於老解山。

王根深婆娘李詩梅栗索裝。

栗索族三位婦人與她們的小孩，各地栗索族服飾變化很大，栗索族還有一特點，就是住平房，不住高腳屋。

李果中先生與粟索族。

粟索族打歌。

1975 年 2 月，馮撼山站長於緬北大草塘基地與當地儸黑族頭人札癸夫婦合照。

儸黑族姑娘。在景東以南，儸黑族文化水準較高，生活亦較富裕，村寨內有教堂。

緬北大草塘，1745 站幹部與儸黑族婦女。

儸黑族大合照。

玀黑族全家照。

央朝俊夫人玀黑裝照。

克欽族姑娘與舞蹈。

204 部寮北山區，著軍服者為雷兆華。

靠近城鎮的卡瓦族男女。男已改穿緬服，女裝較偏遠山區卡瓦族整潔。

卡瓦族開墾山坡地，面對之纏頭女孩正在播撒種子。

傜族姑娘。

格致灣區部山腳傜族姑娘刀小鳳姊妹，刀女（左二）嫁楊正材隊長。左一為趙自誠，右一為張中。

罌粟花田，最美麗的花，最毒的果漿。

罌粟花為二年生草本，葉長橢圓形，花有紅、紫、白色，很美麗，果實未熟時，以三爪刀畫割果皮，使白漿流出，氧化為黑色，即為鴉片。亦可供藥用。

泰北傜族與罌粟花。

龐夫人喬瑞華女士(右二)於1975年1月30日慰問回莫小學時，與郝老師、學生代表、回莫村長、校長等合影。該校現改名為健行中學，由田老六負責。

彭道生伉儷 1980 年攝於景棟全家福。

三大隊木成武師長與賴月秀夫人。

1973年624特遣隊出發，由203部木成武大隊長率領，於回莫基地北上前，檢視騾馬隊。

區長龐將軍，副區長陳家麟、主計組李德康視導624特遣隊準備情形。著軍裝者左起：木成武、楊紹堂、趙忠甲。

國家圖書館出版品預行編目資料

孤軍浪濤裡的細沙—延續孤軍西盟軍區十年血淚實跡
／楊淑芬 著 --初版--
臺北市：博客思出版事業網：2013.9
ISBN：978-986-5789-04-6（平裝）
1.軍事史 2.中華民國

590.92 102014518

一九四九大時代系列 2

孤軍浪濤裡的細沙—延續孤軍西盟軍區十年血淚實跡

作　　者：楊淑芬
美　　編：諶家玲
封面設計：諶家玲
執行編輯：郭鎧銘
出 版 者：博客思出版事業網
發　　行：博客思出版事業網
地　　址：台北市中正區重慶南路1段121號8樓14
電　　話：(02)2331-1675或(02)2331-1691
傳　　真：(02)2382-6225
E—MAIL：books5w@gmail.com或books5w@yahoo.com.tw
網路書店：http://store.pchome.com.tw/yesbooks/
http://www.5w.com.tw/
博客來網路書店、博客思網路書店、華文網路書店、三民書局
總 經 銷：成信文化事業股份有限公司
劃撥戶名：蘭臺出版社 帳號：18995335
香港代理：香港聯合零售有限公司
地　　址：香港新界大蒲汀麗路36號中華商務印刷大樓
C&C Building, 36,Ting, Lai, Road, Tai,Po, New,Territories
電　　話：(852)2150-2100　傳真：(852)2356-0735
出版日期：2013年9月 初版
定　　價：新臺幣380元整（平裝）
ISBN：978-986-5789-04-6

版權所有・翻印必究